Beltz Taschenbuch 622

W0055027

Über dieses Buch:

Aufgaben konsequent anpacken, Projekte gegen Widerstände verfolgen, sich selbst überlisten, wenn andere Ziele lockender erscheinen – wer möchte das nicht? Hugo M. Kehr zeigt, wie es geht. Er verbindet Einsichten der klassischen Motivationspsychologie mit den Ergebnissen der Willensforschung. Mithilfe des »Schnittmengenmodells von Motivation und Wille« gelingt es ihm, motivationspsychologische Zusammenhänge anschaulich und leicht nachvollziehbar darzustellen. Die zahlreichen Übungen unterstützen die Arbeit an erkannten Defiziten.

Grundlage des Buches ist das Selbstmanagement-Training (SMT), welches Hugo Kehr zusammen mit namhaften Motivationsexperten entwickelt hat. Das SMT hat starke Beachtung in der Fachpresse (FAZ, SZ, Focus, Handelsblatt, Psychologie Heute, Personalführung) gefunden und wird seit 1997 in zahlreichen Unternehmen (beispielsweise SAP, Continental, E.ON, Schering, Central Krankenversicherung) erfolgreich durchgeführt.

Der Autor:

Professor Dr. Hugo M. Kehr, Inhaber des Lehrstuhls für Psychologie an der TU München. Jg. 1965, Diplom in BWL, Promotion und Habilitation in Psychologie, Lehraufträge im In- und Ausland, Gastwissenschaftler an der UC Berkeley, von 2004 bis 2006 Inhaber des Lehrstuhls für Management an der MGSM in Sydney.

Inhaltsverzeichnis

Vorwort zur Taschenbuchausgabe

Seit der ersten Auflage dieses Arbeitsbuches, das unter dem Titel »Souveränes Selbstmanagement« 2002 erschien, hat sich das Forschungsfeld, aus dem es hervorgegangen ist, weiterentwickelt und erfreut sich regen Forschungsinteresses. In Zuge dessen sind auch verschiedene Studien unserer Arbeitsgruppe, deren Ergebnisse in das vorliegende Buch eingeflossen sind, in wissenschaftlichen Zeitschriften erschienen. Nimmt man die Publikationen anderer Forscher hinzu, so steht der hier vorliegende Ansatz inzwischen empirisch auf durchaus soliden Fundament. Mit etwas Glück gelang es mir zwischenzeitlich auch, diesen Ansatz im Sonderheft »The future of work motivation theory« des *Academy of Management Review* zu veröffentlichen. Insbesondere diese Publikation verleiht dem Ansatz nunmehr seine wissenschaftliche Reputation.

Mit den neuen Erkenntnissen der Forschung ergaben sich auch für die Anwendung Fortschritte: Das vorliegende Werk konzentriert sich auf Selbstmanagement, also auf die individuelle Ebene. Während meiner Professur in Sydney habe ich ein weiteres Trainingsprogramm entwickelt, welches vorwiegend die zwischenmenschliche Ebene behandelt: das FdM. »FdM« steht für »Führung durch Motivation«. SMT und FdM wurden inzwischen auf fünf Kontinenten bei diversen Universitäten, Wirtschaftsorganisation und der öffentlichen Verwaltung mit Erfolg eingesetzt. Ein aktuelles Großprojekt, das ich gemeinsam mit Maika Rawolle durchführe, nimmt den Ansatz als Grundlage für ein motivationsbasiertes Personalentwicklungskonzept. Es bindet über Führungstrainings und weitere Instrumente der Personalarbeit hierarchieübergreifend sämtliche Mitarbeiter und Führungskräfte des Unternehmens ein.

Bei all diesen Entwicklungen hat sich das Konzept des vorliegenden Buches bewährt. Die hier beschriebenen Übungen und Techniken, die inhaltlichen Ausführungen sowie die zur Selbsteinschätzung verwendeten Befragungsteile sind nach wie vor aktuell. Deshalb, und auch aufgrund der guten Resonanz, welche die erste Auflage bei Lesern wie Kritikern erfahren hat, haben wir uns entschlossen, den Originaltext in der Taschenbuchausgabe weitgehend unverändert zu belassen. Der Titel indes wurde leicht geändert: Er unterstreicht, dass es hier nicht darum geht, fremden Effizienzmaßstäben zu genügen oder »Ego-Zielen« nachzujagen. Es geht vielmehr darum, seine Ziele so zu wählen, dass sie optimal mit den eigenen Motiven und Bedürfnissen übereinstimmen, und mit möglichst wenig Willensstärke zu erreichen sind. Das verstehe ich unter »authentischem Selbstmanagement«.

München, im August 2008   *Hugo M. Kehr*

Vorwort zur ersten Auflage

Die Fähigkeit, unangenehme Aufgaben konsequent anzupacken, Ziele gegen Widerstände zu verfolgen, sich selbst zu überlisten, wenn andere Ziele lockender erscheinen, kurz: motiviert und willensstark zu handeln, ist eine Schlüsselqualifikation. Die traditionellen Ansätze der Arbeitsmotivation lassen viele Fragen offen, die sich diesbezüglich in Beruf und Alltag stellen. Dadurch ist eine Erklärungslücke entstanden, in die Seminare und Selbsthilferatgeber hineingestoßen sind und nunmehr ihre Programme »mit Erfolgsgarantie« anbieten.

Allerdings fehlt dem neuen Motivationssteigerungsmarkt das Fundament: Weder liegt ein geschlossenes Modell zur Motivation vor, an dem sich Anbieter[1], also Autoren oder Trainer, und Abnehmer, meist »Betroffene« oder Führungskräfte, die andere motivieren sollen, orientieren könnten, noch sind die Verheißungen der Anbieter (»Alles ist möglich!«) jemals an der Realität geprüft worden. Das ruft zu Recht Zweifler und Kritiker auf den Plan, die dann allerdings mit Pauschalaussagen zum »Mythos Motivation« einen Popanz aufbauen, um ihn dann wieder abzutragen und schließlich doch wieder Altbewährtes zu proklamieren.

In diesem Dilemma eröffnet das vorliegende Buch neue Denkhorizonte. Es werden Einsichten der klassischen Motivationspsychologie mit den Ergebnissen der neueren Willensforschung verbunden. Als Ergebnis entsteht das »Schnittmengenmodell von Motivation und Wille«. Dieses Modell basiert auf diversen Studien, die der Autor von 1994 bis 1999 gemeinsam mit Professor Dr. Dr. h.c. Lutz von Rosenstiel, einem Experten in Motivationsfragen, im Rahmen der von der Deutschen Forschungsgemeinschaft (DFG) geför-

---

1 Aus Gründen der Lesbarkeit wird in diesem Buch die männliche Form gewählt, wenn beide Geschlechter gemeint sind.

derten Münchener Forschergruppe »Wissen und Handeln« durchgeführt hat. Diese Studien belegen deutlich die Relevanz von Motivation und Wille für den Erfolg von Führungskräften. In seiner Habilitationsschrift hat der Autor diese Studien zusammengeführt und mit einem »theoretischen Dach« versehen.

Die Motivations- und Willenspsychologie ist keine einfache Disziplin. Das liegt auch daran, dass stets sowohl die *Unterschiede zwischen den Menschen* – nicht jeder verhält sich trotz gleicher Bedingungen auch gleich – als auch die *Besonderheiten der Situation* – Verhalten ist immer auch situationsgebunden – beachtet werden müssen. Insofern ist Vorsicht gegenüber allzu plakativen Erfolgsrezepten angebracht, die darüber hinaus für jeden und in jeder Situation gültig sein sollen. Nichtsdestotrotz ist es durchaus möglich, den aktuellen Erkenntnisstand der Motivations- und Willenspsychologie in eine dem Laien verständliche Form zu bringen. Genau diese Absicht verfolgt das Buch. Das zugrunde liegende Schnittmengenmodell von Motivation und Wille kommt mit wenigen klar definierten Bausteinen aus. Die Kernaussagen dieses Modells lassen sich ohne Bedeutungsverlust auch in der Alltagssprache ausdrücken. Daher ist es besonders einprägsam und didaktisch leicht zu vermitteln. Zugleich ist es umfassend, indem es diverse, scheinbar unzusammenhängende motivationsrelevante Phänomene zusammenführt und ihre Wechselbeziehungen aufzeigt. So können die traditionellen Ansätze der Arbeitsmotivation in dieses Modell integriert werden. Dadurch wird erkennbar, worauf die älteren Ansätze ihren Schwerpunkt gelegt haben, wo Erklärungslücken liegen und welche neuen Beziehungen geknüpft werden können.

Um neben neuen Einsichten auch konkreten und messbaren Nutzen stiften zu können, sind die gewonnenen theoretischen und empirischen Erkenntnisse in ein Trainingsprogramm eingeflossen: das Selbstmanagement-Training (SMT). Zu dessen Entwicklung wurden Experten aus der Motivations- und Willenspsychologie hinzugezogen: Professor Dr. Brunstein für Ziele und Motive, Professor Dr. Kuhl für Willensstärke und Überkontrolle, Professor Dr. Ryan für intrinsische Motivation und die Bildung von Zielen und Professor Dr. Sokolowski für die Messung von Motiven und für das Gesamtkonzept. Das SMT ist das Produkt dieser gemeinsamen Anstrengungen. Viele Übungen, die in diesem Training verwendet werden, sind wiederum aus oft fragmentierten Quellen der Fachliteratur übernommen worden (die exakten Quellennachweise sind der Habilitationsschrift zu entnehmen; vgl. Kehr 2004). Seit 1997 wird das Selbstmanagement-Training branchenübergreifend bei diversen Konzernen und mittelständischen Unternehmen mit Erfolg durchgeführt.

Die Erfahrungen aus diesen Trainings sind ebenfalls in das vorliegende Buch eingeflossen. Manch feine Unterscheidung, die theoretisch gerechtfertigt schien, hat sich in der Trainingspraxis abgeschliffen; andere Aspekte und für die Praxis bedeutsame Differenzierungen sind hinzugekommen. Die einzelnen Module, in die das SMT gegliedert ist, korrespondieren mit den Kapiteln dieses Buches: Ziele setzen und Zielkonflikte lösen, unbewusste Motive kennen lernen, Willensstärke aufbauen, Überkontrolle abbauen, intrinsische Motivation steigern und Handlungsbarrieren überwinden. Diese Themen werden vertieft, es werden Bezüge zu verwandten Ansätzen hergestellt und ergänzende Übungen und Trainingsmöglichkeiten beschrieben.

Insofern ist dieses Buch in erster Linie ein Arbeitsbuch. Um möglichst stark davon zu profitieren, sollten die angebotenen Übungen auch wirklich durchgeführt werden. Häufig werden dem Leser Fragen gestellt. Wer diese Fragen nur überfliegt, wird davon wohl eher wenig profitieren. Es empfiehlt sich stattdessen, sich für die Beantwortung der Fragen Zeit zu nehmen und die Antworten schriftlich zu fixieren. Das braucht zwar mitunter länger, als wenn das Buch nur wie andere Bücher durchgelesen würde, aber es hat sich gezeigt, dass es den Lernerfolg maßgeblich steigert. Insofern lohnt es sich, seine Lesegewohnheiten darauf einzustellen und einen Stift zur Hand zu haben.

Allerdings kann und soll dies Arbeitsbuch kein Trainings- oder Coachingprogramm ersetzen. Ein Trainingsprogramm wie das SMT bietet zusätzlich die Möglichkeit, persönliche Motivstrukturen oder Willensstärke mittels eigens dafür entwickelter Instrumente zu diagnostizieren und darauf gründend gezielte Veränderungsstrategien einzuleiten und entsprechende Übungen durchzuführen. Da aber die Auswertung der Messverfahren, Interpretation der Ergebnisse und Einweisung in die Übungen eine Aufgabe für Experten darstellt, kann ein Buch das nicht leisten.

Der Vorteil einer Buchlektüre liegt demgegenüber darin, dass sie sich optimal an das zeitliche Budget der Leser und an ihre Lesegewohnheiten anpasst. Die Leser können das, was sie persönlich am meisten betrifft, gezielt vertiefen. Bei Interesse kann man sich in die Hintergründe einlesen und in Ruhe darüber nachdenken. Im SMT sind dem individuellen Pacing und der Vertiefung bestimmter Bereiche dagegen Grenzen gesetzt. Insofern kann das Buch eine hilfreiche Ergänzungslektüre sein, auch wenn man bereits das SMT besucht haben sollte.

Abschließend möchte ich mich bedanken, und zwar allen voran bei meinen akademischen Lehrern Lutz von Rosenstiel, Kurt Sokolowski und Eberhardt Witte, die mich in die Motivationspsychologie und das empirische Denken eingeführt haben, weiterhin bei meinen Kollegen und Mitarbeitern, ohne deren aktive Mitwirkung das SMT nicht hätte entstehen können, bei den externen Experten, die bei der Konzeption unserer Studien und des Trainings mitgewirkt haben, bei den Mitgliedern der Forschergruppe, und hier vor allem bei Dieter Frey, die die Durchführung der Workshops ermöglicht und stets für anregende Diskussionen gesorgt haben, bei der DFG und unseren Gutachtern, die bereits frühzeitig die Förderung des Projektes an seinen praktischen Nutzen geknüpft und damit die Entwicklung des SMT entscheidend vorangetrieben haben, bei unseren Kooperationspartnern aus der Wirtschaft, die zunächst die Studien unterstützt und später Vertrauen in das neu entwickelte Trainingsprogramm bewiesen haben, bei den Vertretern der Presse, die das SMT der Öffentlichkeit vorgestellt haben, bei der Alexander von Humboldt-Stiftung, der ich die schöne und produktive Zeit in Berkeley verdanke, bei Ingeborg Sachsenmeier vom Beltz Verlag, die für eine sorgfältige Redigierung gesorgt hat, und schließlich bei meiner Frau Cathleen, die meinem persönlichen Selbstmanagement Antrieb und Richtschnur ist.

Berkeley, im Januar 2002   *Hugo M. Kehr*

Einleitung

Motivation ist ein Schlüssel des menschlichen Verhaltens. Motivation stellt Weichen und bestimmt das Tempo – privat wie im Beruf. So räumen etwa Personalverantwortliche gerade diesem Faktor einen herausragenden Stellenwert ein, wie eine Befragung ergab (Kehr u.a. 1999a). Dabei bezieht sich die Einschätzung der Personalverantwortlichen sowohl auf die Unternehmen als auch auf die Akteure selbst, die Organisationsmitglieder, und zwar über sämtliche betrachtete Branchen und Unternehmensgrößen hinweg. Insofern erstaunt es nicht, dass es sowohl Fach- als auch Publikumszeitschriften gibt, die »Motivation« in ihrem Titel tragen, und dass sich unter diesem Schlagwort inzwischen auch Arenen füllen lassen.

Was aber ist Motivation genau? Wozu braucht man sie? Motivation verspricht Antworten auf viele Fragen, die sich jedem täglich stellen:

- Woher stammen die Energien, die das Handeln bewegen?
- Wie werden diese Energien gebündelt und in welche Kanäle werden sie gelenkt?
- Wie erklärt es sich, dass verschiedene Menschen die gleiche Situation unterschiedlich erleben und verschieden darauf reagieren?
- Weshalb werden Ziele gebildet?
- Warum verfolgen manche Menschen ihre Ziele äußerst hartnäckig, andere dagegen nicht?
- Weshalb erreichen manchmal gerade diejenigen mehr, die weniger hartnäckig zu sein scheinen?
- Wie lässt sich generell die Zielerreichung verbessern, und wie lässt sich bereits der Prozess, in dem die Ziele verfolgt werden, als befriedigend erleben?

- Wie erklären sich »Motivationslöcher«, und wie sollte damit umgegangen werden?
- Wie entstehen Ängste, und warum überwinden manche Menschen ihre Ängste leicht, während andere daran scheitern?

»Motivation« soll offenbar Antwort auf höchst unterschiedliche Fragen geben. Es handelt sich um einen Sammelbegriff, der die verschiedensten Phänomene in sich vereint. Insofern ist es nur konsequent, dass die diversen Motivationstheorien, die den Markt bestimmen, oft sehr verschiedene Themen behandeln und entsprechend auch unterschiedliche Handlungsempfehlungen geben. Das trifft etwa auf einige traditionelle Ansätze zur Arbeitsmotivation zu, die in der Praxis besonders prominent sind und immer noch die Grundlage vieler Motivationstrainings darstellen. Diese Ansätze erleichtern etwa das Verständnis dafür, weshalb Selbstverwirklichung ein besonders hohes Gut darstellt (dazu gehört beispielsweise Maslows Motivpyramide, s. S. 54), weshalb der Arbeitsinhalt oft für wichtiger als das Gehalt angesehen wird (Herzbergs Zweifaktorentheorie der Motivation, s. S. 142 ff.) und weshalb bevorzugt solche Ziele gewählt werden, die erstrebenswerte Konsequenzen haben und insgesamt auch erreichbar scheinen (Vrooms VIE-Theorie, s. S. 39 ff.).

Unbefriedigend ist allerdings, dass kaum einmal Brücken zwischen diesen Ansätzen geschlagen werden und dass die Zusammenhänge zwischen den unterliegenden Motivationsphänomenen daher oft verschwommen bleiben. So lassen es diese Modelle beispielsweise offen, wie sich die erstrebte Selbstverwirklichung konkret bei der Bildung von Zielen berücksichtigen lässt, weshalb häufig Ziele gewählt werden, die eine Gehaltsverbesserung (statt beispielsweise einen interessanteren Arbeitsinhalt) zum Gegenstand haben, und weshalb viele Menschen an allzu hoch gesetzten Zielen scheitern.

Schließlich bleiben diverse Phänomene, die zentral mit Motivation zusammenhängen, in diesen Modellen gänzlich unberücksichtigt. Wie steht es zum Beispiel mit Situationen, in denen man sich etwas in den Kopf gesetzt hat, das dann aber schwer fällt und bei der Ausführung »Bauchschmerzen« bereitet? Weshalb erreicht der eine seine Ziele scheinbar mit Leichtigkeit, während der andere – trotz vergleichbarer Kompetenzen – sich abmühen muss? Warum reagiert der eine auf diese, der andere auf jene Anreize?

Wenn aber die traditionellen Ansätze zur Arbeitsmotivation diverse motivationsrelevante Themen außer Acht lassen, andere Motivationsphänomene wiederum isoliert behandeln und Zusammenhänge nicht erklären – woran sollte man sich dann orientieren, sei es als Betroffener, der seine Motivation besser verstehen und zielführend einsetzen möchte, als Führungskraft, die ihre Mitarbeiter coachen soll oder als Personalverantwortlicher, der motivationssteigernde Organisationsentwicklung in die Wege leiten möchte?

Seit der Mitte der 80er-Jahre des 20. Jahrhunderts sind in der Motivationspsychologie Entwicklungen in Gang gekommen, die Antworten auf die hier aufgeworfenen Fragen versprechen. Dabei wurden klassische Motivationstheorien mit neueren Überlegungen zum Phänomen des Willens verbunden und die gewonnenen Erkenntnisse durch entsprechende empirische Feld- und Laborforschung erhärtet. Wie so oft bei der Entwicklung neuer Erkenntnisse ist auch in diesem Bereich eine zeitliche Kluft zwischen der Grundlagenforschung und ihrer Anwendung zu verzeichnen. So ist erst in jüngerer Zeit in der Absicht, Ergebnisse der Grundlagenforschung (Kehr 2004) praxisgerecht aufzubereiten, das »Schnittmengenmodell von Motivation und Wille« vorgestellt worden (Kehr 2001a). Dieses eingängige Modell, das mit wenigen Kernsätzen auskommt und die theoretische Basis sowie den Orientierungsrahmen dieses Buches bildet, soll in Kapitel 1 näher beschrieben werden.

Die Gestaltungsempfehlungen, die auf der Grundlage des Schnittmengenmodells gegeben werden können, umfassen prinzipiell sowohl die Führung von Mitarbeitern als auch Maßnahmen im Bereich der Organisationsentwicklung (vgl. Kehr 2001c). Das vorliegende Buch legt seinen Fokus allerdings auf den Bereich des Selbstmanagements, also auf die Art und Weise, wie eine Person mit ihren eigenen Motivations- und Willensprozessen umgeht. Dazu soll das Schnittmengenmodell in den einzelnen Buchkapiteln in seine Elemente zerlegt und aufgezeigt werden, welche praktischen Anregungen sich daraus für das eigene Selbstmanagement ergeben. Im Einzelnen werden dabei die folgenden Themen besprochen:

- Ziele setzen, Zielkonflikte erkennen und reduzieren (Kapitel 2),
- unbewusste Motive kennen lernen (Kapitel 3),
- Willensstärke einschätzen und aufbauen (Kapitel 4),
- Überkontrolle erkennen und abbauen (Kapitel 5),
- intrinsische Motivation steigern (Kapitel 6),
- Handlungsbarrieren überwinden (Kapitel 7).

Diese Bereiche bleiben allerdings nicht unverbunden nebeneinander, sondern werden durch das Schnittmengenmodell von Motivation und Wille in einem übergreifenden Rahmen zusammengeführt. Dies erlaubt den Überblick und erleichtert das Verständnis dafür, wie zum Beispiel Ziele und unbewusste Motive zusammenhängen, wie intrinsische Motivation entsteht, wann Willensanstrengungen erforderlich werden und wann nicht und was Überkontrolle bedeutet. Ein Verständnis dieser Zusammenhänge ist eine wichtige Voraussetzung dafür, in dem Bestreben um Harmonie von Zielen und tieferen Bedürfnissen seine Persönlichkeit zu entfalten. Und das ist erfolgreiches Selbstmanagement.

Kapitel 1:
Das Schnittmengenmodell
von Motivation und Wille[1]

Die Grundlagen für das Schnittmengenmodell von Motivation und Wille liegen in der klassischen Motivationspsychologie und in der neueren Willenspsychologie.

Motive und Motivation

In der Motivationspsychologie werden Motive allgemein als über-dauernde Dispositionen verstanden, die das Erleben und Verhalten des Menschen beeinflussen. Hat jemand zum Beispiel ein stark ausgeprägtes Anschlussmotiv, dann ist es dieser Person ein inneres Verlangen, mit anderen Menschen Kontakt aufzunehmen und die-se kennen zu lernen. Diese Person fragt sich mehr oder weniger bewusst in jeder Situation, ob Kontakt zu anderen Menschen mög-lich ist – auch in Situationen, in denen andere Dinge viel wichtiger sein mögen, etwa bei einer Projektpräsentation oder in einem Wettkampf. Jene Person würde in einer so genannten »anschluss-thematischen« Situation (in der sie Menschen kennen lernen kann) stärker als andere reagieren (den Wettkampfgegner freund-lich ansprechen) und hätte in der Regel auch ein stärkeres Durch-haltevermögen (würde sich von einer Zurückweisung des anderen nicht so leicht entmutigen lassen).

---

1   Dieses Kapitel ist die überarbeitete und erweiterte Version eines Beitrages, der in der Zeitschrift *Personalführung* erschienen ist (Kehr 2001a). Er ba-siert auf der Habilitationsschrift des Autors (Kehr 2004). Dem weniger an den Hintergründen interessierten Leser sei empfohlen, die Beschreibung des Modells quer zu lesen oder zu überspringen und erst bei Kapitel 2 mit der eigentlichen Lektüre zu beginnen.

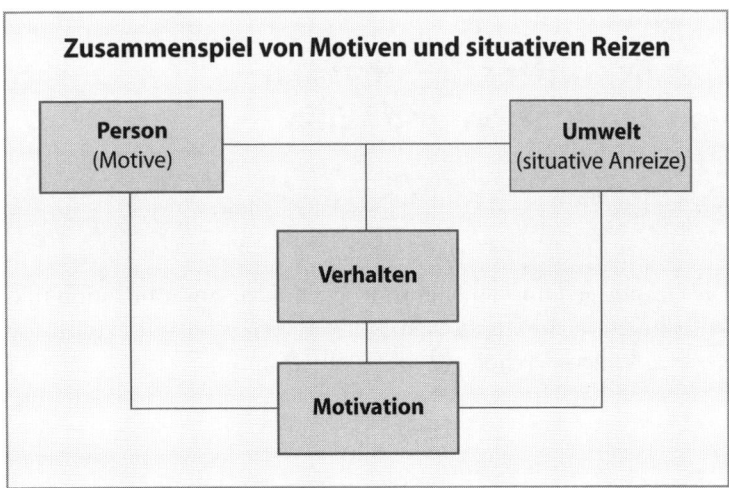

Abb. 1: Motivation entsteht im Zusammenspiel von Motiven und situativen Anreizen (nach: Kehr/Bles/von Rosenstiel 1999a)

Dieses Beispiel beschreibt das Entstehen von Motivation aus dem Wechselspiel zwischen den Motiven der Person (starkes Anschlussmotiv) und den Anreizen der Situation (Wettkampfgegner, den sie kennen lernen kann). Motivation im Sinne einer Verhaltensbereitschaft (Bereitschaft, den anderen kennen zu lernen) ist das Ergebnis eines Prozesses, in dem Motive durch situativ gegebene Anreize angeregt werden. Vereinfacht ausgedrückt: Motivation ist als Zustand angeregter Motive zu verstehen. Das resultierende Verhalten (die andere Person anzusprechen) hat Auswirkungen auf die Situation (der andere freut sich oder ist vielleicht irritiert) und auf die Person selbst (ihre Motive sind befriedigt oder auch nicht) (vgl. Abbildung 1).

Implizite Motive, explizite Ziele

Die beschriebenen Prozesse brauchen nicht bewusst sein – oft spielen sie sich weitgehend im Unbewussten ab. Jeder kennt Situationen, in denen er spontan Lust hat, etwas Bestimmtes zu unternehmen: eine Partie Schach spielen, mit einem Zugnachbarn ins Gespräch kommen oder einen ungeliebten Kollegen herunterputzen. Häufig sind uns solche Impulse willkommen, manchmal aber, etwa in dem letztgenannten Fall, sind sie es nicht. In jedem Falle aber ist die spontane, durch unwillkürlich angeregte Motive erzeugte Motivation deutlich von der Handlungsbereitschaft zu unterscheiden, die sich aus den momentan verfolgten Zielen und Plänen herleitet. Deutlich wird die Zweckmäßigkeit einer solchen Unterscheidung insbesondere dann, wenn aus Motiven und Zielen zeitgleich jeweils unvereinbare Verhaltensimpulse resultieren, zum Beispiel wenn die auf Neugier basierende Motivation, eine Fachzeitschrift zu lesen, mit der Absicht kollidiert, termingerecht als Autor dieser Zeitschrift einen Bericht für die kommende Ausgabe fertig zu stellen.

Solche Diskrepanzen berücksichtigt die Theorie, indem sie Motive und Ziele voneinander abgrenzt und einerseits von »unbewussten« bzw. »impliziten« Motiven und andererseits von »expliziten« Zielen spricht. Abbildung 2 stellt Motive und Ziele als zwei Kreise dar, die eine gemeinsame Schnittmenge bilden (daher der Name »Schnittmengenmodell«). Der rechte Kreis der Abbildung repräsentiert die Ziele und Absichten einer Person. Der linke Kreis steht für ihre impliziten Motive.

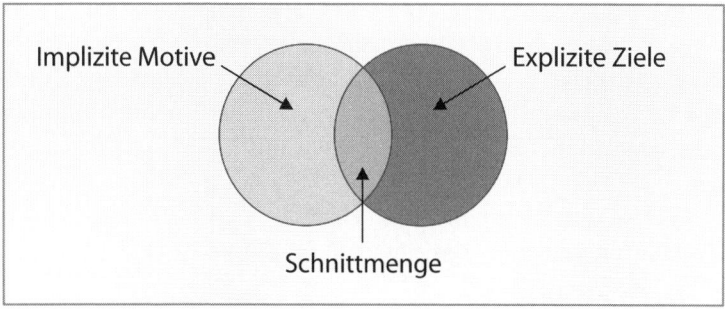

Abb. 2: Explizite Ziele und implizite Motive (nach: Kehr 1999a)

David McClelland, auf den diese Unterscheidung ideengeschichtlich zurückgeht (vgl. McClelland u.a. 1989), ordnet implizite Motive eher dem emotionalen, unbewussten Bereich zu. Dieser Bereich ist menschlicher Ratio nur eingeschränkt zugänglich und auch nicht ohne Weiteres sprachlich darstellbar. Implizite Motive werden bereits durch frühkindliche Erfahrungen geprägt. So werden Kinder, die bereits früh zur Sauberkeit erzogen und auf das Töpfchen gesetzt werden, später mit höherer Wahrscheinlichkeit ein ausgeprägtes Leistungsmotiv entwickeln.

Motive können in Motivklassen eingeteilt werden. McClelland unterscheidet drei »große« Motivklassen: Anschluss-, Macht- und Leistungsmotive. Das Anschlussmotiv wurde oben exemplarisch erläutert. Es ist das Bedürfnis, mit anderen Menschen Kontakt aufzunehmen und eine Beziehung aufzubauen. Das Machtmotiv wiederum ist das Bedürfnis, andere Menschen zu beeinflussen oder Kontrolle über sie auszuüben. Auch Situationen, in denen es um Status und Prestige geht, aktivieren das Machtmotiv. Das Leistungsmotiv schließlich ist als Bedürfnis zu verstehen, sich selbst herausfordernde Leistungsmaßstäbe zu setzen und diesen dann möglichst gerecht werden zu wollen. In Kapitel 3 gehen wir noch ausführlicher auf diese Motivklassen und ihre Bedeutung in Beruf und Alltag zu ein.

Explizite Ziele entsprechen demgegenüber eher dem rationalen Bereich. Sie sind dem Bewusstsein zugänglich und in der Regel leicht kommunizierbar. Ziele sind stark durch die soziale Umgebung geprägt, in der eine Person lebt. Hier spielen also die Erwartungen anderer, Normen und Regeln eine große Rolle. Die Anzahl möglicher Ziele ist prinzipiell nicht beschränkt. Typische Ziele sind: einen Karriereschritt machen, mehr Zeit mit der Familie verbringen oder abnehmen. Mit Zielen werden wir uns in Kapitel 2 beschäftigen.

Motive und Ziele können miteinander übereinstimmen. Dieser Zustand entspricht der gemeinsamen Schnittmenge beider Kreise.

 Beispielsweise kann ein starkes Anschlussmotiv es dem Leiter eines Projektes erleichtern, ein Team zusammenzustellen und zu entwickeln. Es ist ihm dann ein inneres Bedürfnis, mit anderen zu kommunizieren und sie kennen zu lernen, und diese Neigung wird für die Teamentwicklung vermutlich förderlich sein.

Andererseits ist es möglich, dass implizite Motive und explizite Ziele voneinander abweichen.

 Dies ist zum Beispiel dann der Fall, wenn ein anschlussmotivierter Projektleiter unpopuläre Entscheidungen gegen Teamkollegen treffen muss, etwa auf Druck von oben eine bestimmte Person ausschließen oder ein gewachsenes Projektteam auflösen.

In Abbildung 2 auf Seite 19 entspräche eine solche Konstellation den Kreisausschnitten, die außerhalb der gemeinsamen Schnittmenge liegen. Der Ausschnitt links würde in diesem Beispiel der unwillkürlichen Motivation entsprechen, neu gewonnene Freundschaften zu festigen, der rechte Kreisausschnitt dagegen dem bewusst gefassten Ziel, einen unproduktiven (aber beliebten) Kollegen aus der Gruppe auszuschließen.

Empirische Forschung hat belegt, dass bei vielen Menschen erhebliche Diskrepanzen zwischen Zielen und Motiven bestehen (vgl. Brunstein u.a. 1998). Die Ziele, die diese Menschen verfolgen, stimmen thematisch oft nicht mit ihren tiefer liegenden Motiven überein. Für diesen zunächst kontraintuitiv wirkenden Befund bieten sich zwei Erklärungsmuster an: Einerseits kennen viele Menschen ihre impliziten Motive nicht oder nur ansatzweise. Sie wählen daher Ziele, die nicht mit ihren Motiven übereinstimmen. Andererseits mögen ihnen vielleicht auch ihre Motive und tiefer liegenden Bedürfnisse bekannt sein, allerdings übergehen sie dieses Wissen bei der Bildung ihrer Ziele und lassen sich stattdessen von anderen Erwägungen – und von den Erwägungen anderer – leiten. Aber: Wie auch immer solche Diskrepanzen zwischen Zielen und Motiven im Einzelfall begründet sein mögen – in der Konsequenz ergeben sich fast immer psychische Konflikte (McClelland u.a. 1989).

Handlungskonflikte durch Willensstrategien überwinden

Psychische Konflikte werden als belastend erlebt und behindern das Handeln. Wie aber lassen sich derartige Handlungsbarrieren überwinden? Diese Frage leitet über zu dem zweiten Pfeiler des hier vorgestellten Schnittmengenmodells: der Willenspsychologie. Soko-lowski (1993) fasst die Grundüberlegung wie folgt zusammen: Eine Handlung, die bereits ausreichend motiviert ist, benötigt keine zu-sätzliche Willensanstrengung. Eine solche Situation wäre zum Bei-spiel gegeben, wenn die Führungskraft in dem oben genannten Bei-spiel ihrer Neigung freien Lauf lassen und wider besseres Wissen die Freundschaft über das Ziel stellen würde, eine produktive Ar-beitsgruppe zu formieren.

Anders stellt sich die Situation dar, wenn *gegen* die bestehende Motivation oder *trotz fehlender* Motivation gehandelt werden soll und – im genannten Beispiel – die Führungskraft sich überwinden müsste, das befreundete Teammitglied aus der Gruppe auszuschlie-ßen. Hier ist Willenskraft oder die Fähigkeit zur »Selbstüberlistung« gefordert, um psychische Handlungsbarrieren zu überwinden. Der Konflikt zwischen der impliziten Motivation, Freundschaften zu festigen, und dem expliziten Ziel, ein leistungsstarkes Projektteam zu formen, verlangt also den Einsatz von Willenskraft.

Hier steht ein breites Arsenal an Willensstrategien zur Ver-fügung (vgl. Kuhl/Fuhrmann 1998). Zu den wichtigsten zählen Motivations-, Emotions- und Aufmerksamkeitskontrolle. Verein-fachend wird unter Motivationskontrolle ein künstlicher Eingriff in die Prozesse verstanden, bei denen Motive angeregt werden. In dem angeführten Beispiel entspräche das dem Versuch, zum Bei-spiel durch positive (»Wie schön wird es sein, ein leistungsstarkes Projektteam zu haben.«) oder negative Fantasien (»Die Stimmung im Team könnte sonst bald umschlagen.«) eine dem Ziel förderli-che Motivation herzustellen.

Emotionskontrolle bezeichnet dagegen den Versuch, willkür-lich einen Stimmungswechsel herbeizuführen, um so in eine dem Ziel förderliche Stimmung zu gelangen. Im Beispiel wäre an die oft nur begrenzt wirksamen Methoden zum Abbau von Angst (hier: ei-nen Freund zu verlieren) zu denken. *Aufmerksamkeitskontrolle* wie-derum entspricht dem Versuch, seine Aufmerksamkeit weg von den störenden und hin zu den zielkonformen Aspekten der Situation zu lenken. Im Beispiel würde das bedeuten, sich von Gedanken an den Mitarbeiter abzulenken oder sich zu zwingen, ausschließlich an die Projektziele zu denken.

Natürlich werden solche Willensstrategien nicht immer erfolgreich sein, außerdem sind je nach Situation manche Strategien mehr, andere weniger geeignet. Darüber hinaus gibt es deutliche individuelle Unterschiede dahingehend, inwieweit solche Strategien auch tatsächlich verwendet werden. Und schließlich soll bereits hier im Vorgriff auf spätere Ausführungen angemerkt werden, dass der Einsatz von Willensstrategien letztlich immer nur die zweitbeste Lösung ist: Es macht keinen Spaß, sich »künstlich« zu motivieren und gegen seine Bedürfnisse anzukämpfen. Leichter und unbeschwerter wäre es, wenn man darauf verzichten könnte. Die Kapitel 5 (Überkontrolle) und 6 (intrinsische Motivation) werden auf diese Problematik zurückkommen und Lösungsmöglichkeiten aufzeigen.

Intrinsische Motivation

Nun stellt sich die Frage, was die gemeinsame Schnittmenge beider Kreise in Abbildung 2 auf Seite 19 symbolisiert. Hier stimmen Ziele und implizite Motive überein. Psychische Konflikte treten nicht auf, und es bedarf keiner Willensanstrengung. Der Schauspieler, der für eine neue Rolle Gewicht zulegen soll und sich einem verlockenden Mahl gegenüber sieht, der hochgradig machtmotivierte Manager, der einen Mitarbeiter in seine Schranken weisen soll, die leistungsmotivierte Entwicklerin, die in völliger Isolation ihre Studien betreibt – sie alle befinden sich im Stadium intrinsischer Motivation: Motive und Ziele sind kongruent.

Intrinsische Motivation fördert die Umsetzung von Handlungsabsichten (vgl. Kehr u.a. 1999c). Wer intrinsisch motiviert ist, erreicht selbst schwierige Ziele, ohne dies als anstrengend zu erleben. Zum Beispiel werden dem Chirurgen die Strapazen einer mehrstündigen Operation häufig erst nach deren Beendigung bewusst. Aus Beobachtungen bei Bergsteigern, Tänzern und Schachspielern entwickelte Csikszentmihalyi (1990) das Konzept des Flowerlebens (Flow). Dieser Zustand wird als ein völliges Versunkensein beschrieben, als Einssein mit der Tätigkeit. Die Zeit scheint wie im Fluge zu vergehen. Im Zustand des Flowerlebens beobachtet man sich weder selbst bei seinem Tun, noch bewertet man sich dabei.

Im Flowerleben treten in der Regel keine, insbesondere aber keine negativen Gefühle auf. Nachträglich wird dieser Zustand meist als angenehm beschrieben. Flowerleben ist ein untrügliches Anzeichen dafür, dass man in diesem Moment intrinsisch motiviert ist. Im Umkehrschluss stellt intrinsische Motivation eine wichtige Vorbedingung dafür dar, dass es zu Flowerleben kommen kann. Kapitel 6 wird darauf zurückkommen.

Umsetzung des Schnittmengenmodells von Motivation und Wille in Trainingsbausteine

Damit ist das Schnittmengenmodell von Motivation und Wille so weit skizziert. Dieses Modell bildet die Basis für die weiteren Kapitel dieses Arbeitsbuches. Bevor es weitergeht empfiehlt sich eine kleine »Aufwärmübung«.

Übung: Kopf und Bauch verschieben

Angenommen, Sie könnten »Kopf« und »Bauch« (bzw. das, was die beiden Kreise in Abbildung 2 auf S. 19 symbolisieren) beliebig verschieben. In welche Richtung würden Sie die beiden Bereiche verschieben und warum?

....

....

An dieser Stelle spielt es noch keine Rolle, in welche Richtung Sie die beiden Kreise verschieben möchten – ob den »Kopf« in Richtung »Bauch« oder auch umgekehrt, oder ob Sie vielleicht auch »Kopf« und »Bauch« genau dort belassen möchten, wo sie momentan sind. Unabhängig davon also, in welche Richtung es gehen soll – womit würden Sie als Erstes beginnen? Anders gefragt, welche Voraussetzung sollte in jedem Falle erfüllt sein, um eine Verschiebung von »Kopf« und »Bauch« realisieren zu können?

....

....

Spontan fallen vielen Menschen zur in Abbildung 2 auf S. 19 dargestellten Gegenüberstellung von »Kopf« und »Bauch« Begriffe wie »Gegensatz« oder »Konflikt« ein, andererseits aber auch Schlagworte wie »Einheit« oder »Symbiose«. Oft wird auch die Notwendigkeit einer »Entscheidung« genannt. Auf die Frage, in welche Richtung man die beiden Kreise verschieben würde, falls sich dies realisieren ließe, antworten die meisten Menschen, man solle die beiden Kreise aufeinander zu bewegen. Offenbar verspricht die Schnittmenge zwischen den beiden Kreisen intuitiv etwas Positives.

Diese Einschätzung wird durch neuere Erkenntnisse der Forschung bestätigt (vgl. Brunstein u.a. 1998; McClelland u.a. 1989; vgl. Kehr 2001a, 2004): Wenn »Kopf« und »Bauch« übereinstimmen, dann empfindet man das, was man gerade tut, als angenehm, man ist frei von negativen Gefühlen, Konflikten oder Zweifeln, und die Wahrscheinlichkeit ist hoch, dass es einem am Ende auch gelingt.

 Ein Entwicklungsingenieur, der gerne mit Menschen zusammenarbeitet, hat einen Arbeitsauftrag übernommen, der ihn mit vielen neuen Kollegen zusammenbringen wird. Es ist damit zu rechnen, dass dem Ingenieur die Erfüllung seines Arbeitsauftrages Spaß machen und dass zumindest von seiner Seite dem Gelingen nichts im Wege stehen wird.

Klaffen »Kopf« und »Bauch« dagegen auseinander, so sind prinzipiell die gleichen Konsequenzen zu erwarten, diesmal allerdings mit negativen Vorzeichen.

 Wenn also der Ingenieur aus dem oben genannten Beispiel ein Projekt übernommen hätte, welches fordert, dass er als Experte in einem abgeschiedenen Büro arbeiten soll, dann ist zu erwarten, dass er häufig mit Langeweile und Unbehagen zu kämpfen hat, was den Projektfortgang lähmen kann.

Demnach spricht einiges dafür, nach Ansatzpunkten zu suchen, um »Kopf« und »Bauch« aufeinander zu zu bewegen.

Was aber ist die Voraussetzung dafür, dass eine solche Verschiebung gelingen kann? *Beide Bereiche, »Kopf« und »Bauch«, sollten einem möglichst gut bekannt sein!* Man sollte sich also mit dem »Kopf«- und »Bauch«-Bereich eingehend auseinander gesetzt haben und wissen, wann beide Bereiche übereinstimmen und wann nicht. Das ist die beste Voraussetzung dafür, bei Bedarf auch etwas an diesen Bereichen ändern zu können.

Genau an dieser Stelle werden die nachfolgenden Kapitel dieses Buches ansetzen. In den folgenden Kapiteln wird Selbstmanagement zunächst in einzelne Facetten zerlegt, die dann wieder zusammengeführt werden. Dazu werden die Bereiche, die durch das Schnittmengenmodell erfasst werden (s. Abbildungen 3.0 bis 3.5 auf S. 27 f.), detaillierter beschrieben und ihre Hintergründe beleuchtet. Dabei soll der Leser Gelegenheit erhalten, über entsprechende Checklisten und Fragebögen seine persönlichen Stärken und Schwächen in diesen Bereichen einzuschätzen. Außerdem werden Übungen vermittelt, mit denen sich an den ausgemachten Defiziten ansetzen lässt. Die genannte Abbildung gibt einen Überblick über die einzelnen Kapitel und den weiteren Aufbau dieses Buches.

Zur Erleichterung des Begriffsverständnisses wird im praktischen Teil dieses Buches anstelle von »Zielen« und »impliziten Motiven« häufig von »Kopf« und »Bauch« gesprochen (vgl. Abbildung 3.0). »Kopf« verbinden viele Menschen mit dem rationalen Bereich, »Bauch« dagegen mit dem emotionalen. Diese Auffassung deckt sich weitgehend mit den wissenschaftlichen Erkenntnissen zu Zielen und impliziten Motiven. Dabei ist das Bild von »Kopf« und »Bauch« äußerst einprägsam und lässt sich auch Dritten gegenüber leicht kommunizieren.

Im Kapitel 2 (Ziele und Zielkonflikte) werden Sie sich zunächst intensiv mit dem »Kopf«-Bereich auseinander setzen (vgl. Abb. 3.1, S. 27), anschließend in Kapitel 3 (unbewusste Motive) dann mit dem »Bauch«-Bereich (vgl. Abb. 3.2, S. 27). Es schließt sich Kapitel 4 (Willensstärke) an, das Situationen beleuchtet, in denen »Kopf« und »Bauch« auseinander klaffen (vgl. Abb. 3.3, S. 28): Wie erleben Sie solche Situationen und welche Strategien setzen Sie in diesen Situationen ein? Kapitel 5 (Überkontrolle) zeigt, welche Konsequenzen zu erwarten sind, wenn »Kopf« und »Bauch« besonders stark auseinander klaffen und wenn der »Kopf« ein starkes Übergewicht erhalten hat (vgl. Abb. 3.4, S. 28). Kapitel 6 (intrinsische Motivation) kommt zu der Ausgangsfrage zurück und zeigt Möglichkeiten auf, »Kopf« und »Bauch« zusammenzuführen (vgl. Abb. 3.5, S. 28). Die Schwierigkeiten, die dabei auftreten, sollen dann in Kapitel 7 (Handlungsbarrieren) angegangen werden.

Übersicht über dieses Arbeitsbuch

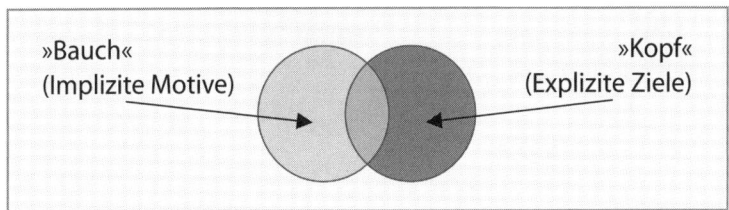

Abb. 3.0:   Grundmodell

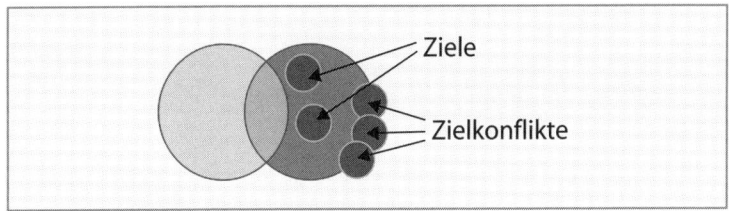

Abb. 3.1:   Ziele setzen und Zielkonflikte lösen

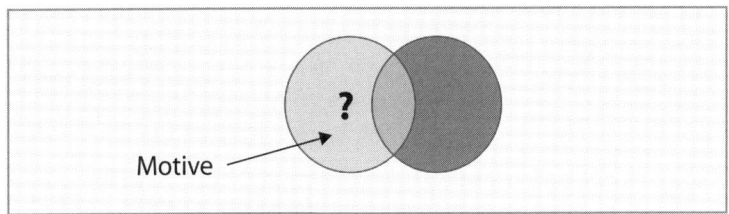

Abb. 3.2:   Unbewusste Motive erkennen

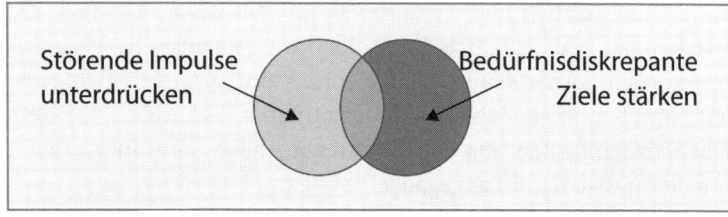

Abb. 3.3: Willensstärke aufbauen

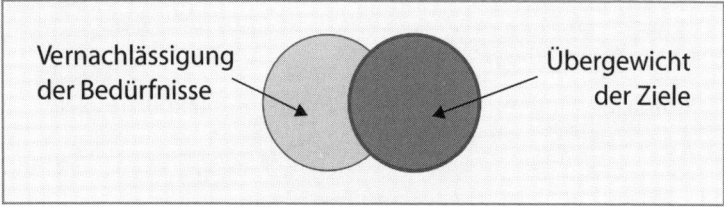

Abb. 3.4: Überkontrolle abbauen

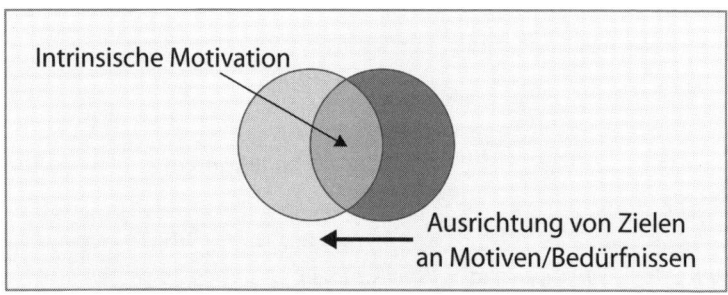

Abb. 3.5: Intrinsische Motivation fördern, Handlungsbarrieren überwinden

Zusammenfassung

Aus einer Verbindung der klassischen Motivationspsychologie und der neueren Willenspsychologie wird das Schnittmengenmodell von Motivation und Wille entwickelt. Dieses Modell lässt sich als zwei sich teilweise überlappende Kreise illustrieren. Die beiden Kreise symbolisieren dann »explizite Ziele« und »implizite Motive« bzw. »Kopf« und »Bauch«. Die Kernaussagen dieses Modells lassen sich wie folgt zusammenfassen:

- Motive sind überdauernde Dispositionen, die das Erleben und Verhalten prägen.
- Motivation ist als Zustand angeregter Motive zu verstehen. Sie entsteht im Zusammenspiel von Motiven und situativen Anreizen.
- Implizite Motive und explizite Ziele sind zu unterscheiden.
- Häufig bestehen Diskrepanzen zwischen impliziten Motiven und expliziten Zielen. Derartige Diskrepanzen werden als Handlungskonflikte erlebt.
- Wille ist ein Sammelbegriff für verschiedene Strategien, mit denen sich Handlungskonflikte überwinden lassen.
- Die beiden wesentlichen Aufgaben des Willens bestehen darin, bedürfnisdiskrepante Ziele zu stärken sowie störende Verhaltensimpulse zu unterdrücken.
- Bei Übereinstimmung von impliziten Motiven und expliziten Zielen entsteht intrinsische Motivation.
- Intrinsische Motivation fördert die Zielerreichung und kommt dabei ohne Willensunterstützung aus.

Das Schnittmengenmodell bildet die theoretische Grundlage für dieses Arbeitsbuch. In den einzelnen Kapiteln wird dieses Modell sukzessive in seine Facetten zerlegt, die dann anwendungsorientiert und praxisnah besprochen werden.

Kapitel 2:
Ziele setzen, Zielkonflikte erkennen und reduzieren

Dieses Kapitel wird sich eingehend mit dem Kopfbereich auseinander setzen: Ziele und Zielkonflikte (vgl. Abb. 4).

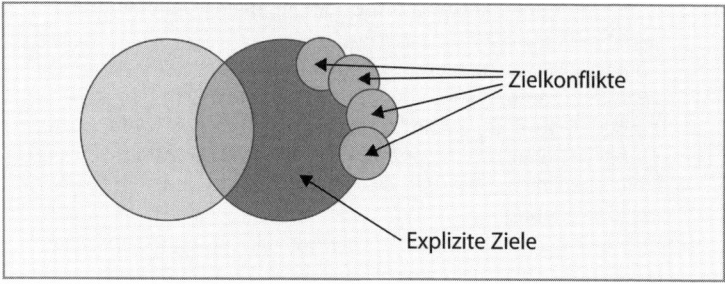

Abb. 4: Ziele und Zielkonflikte (nach: Kehr 2004)

Wozu braucht man Ziele?

Ziele sind für viele Menschen etwas Selbstverständliches. Schon in jungen Jahren werden Kinder von Eltern und Erziehern angehalten, Ziele zu entwickeln, und selbst höhere Manager müssen sich an der Erreichung ihrer Ziele messen lassen. Gerade deshalb sollte man sich einmal fragen, was genau Ziele sind und welche Vorzüge sie besitzen.

Übung

Bevor Sie sich weiter mit diesem Kapitel beschäftigen, beantworten Sie bitte die folgenden Fragen. Schreiben Sie die Antworten bitte in die dafür vorgesehenen Zeilen.

Was sind Ziele?

....

....

....

....

....

....

....

Wozu braucht man Ziele? Welche Vorzüge besitzen Ziele?

....

....

....

....

....

....

....

Ziele können als zukünftige, positiv bewertete und angestrebte Ergebnisse des eigenen Handelns verstanden werden. Ziele sind in der Psychologie gut erforscht. Das liegt auch daran, dass man Menschen verhältnismäßig leicht über ihre Ziele befragen kann. So lassen sich Vergleiche anstellen, ob zum Beispiel Menschen mit schwierigen Zielen mehr erreichen oder zufriedener sind als andere mit leichten Zielen. Aus den Ergebnissen dieser Studien sind verschiedene Modelle entwickelt worden, aus denen jeweils Empfehlungen zum Umgang mit Zielen abgeleitet werden. Diese Empfehlungen betreffen unter anderem die folgenden Bereiche:

- **Zielsetzungsverhalten:** Welchen Kriterien haben Ziele zu genügen?
- **Auswahl von Zielen:** Welche Ziele sollten ausgewählt werden?
- **Zielkonflikte:** Wann entstehen Zielkonflikte und wie lassen sie sich vermindern?

Bevor wir uns diesen Bereichen zuwenden, ist vorab zu klären, weshalb überhaupt Ziele gebildet werden sollten. Lässt sich nicht ohne Ziele auch vieles erreichen? Kennen wir nicht – etwa aus der Werbung – eindringliche Bilder von Menschen, die in einem offensichtlich ziellosen Zustand selbstzufrieden in den Tag hineinleben? Gibt es nicht auch das Sprichwort: »Der Weg ist das Ziel«? Muss alles, was wir tun, einem Ziel und damit dem Joch der Effizienz untergeordnet sein?

Übung: Finden Sie Argumente gegen Ziele

Gibt es Ihrer Meinung nach Argumente dafür, sich (wenigstens manchmal) absichtlich nicht auf bestimmte Ziele festzulegen?

....

....

....

....

....

....

....

....

Ob man nicht vielleicht in manchen Bereichen auch ohne Ziele auskommen kann, ist letztlich eine philosophische Frage, über die man lange nachdenken, kontrovers diskutieren und vielleicht auch streiten kann. Nur: Richtige und für alle verbindliche Antworten wird man hier nicht erwarten können.

Die Forschung hat gezeigt, dass konkrete Ziele im Vergleich zu einem ziellosen Zustand diverse Vorzüge besitzen:

- Ziele lenken Energien und helfen, Ressourcen zu bündeln (Richtung).
- Ziele motivieren, vor allem bei Durststrecken (Antrieb).
- Gemeinsame Ziele fördern kooperatives Handeln (Koordination).
- Ziele geben Auskunft darüber, welche Fortschritte erreicht worden sind (Feedback).
- Ziele helfen, Handlungsergebnisse zu bewerten (Bewertung).

Insgesamt ergibt sich daraus, dass Ziele insbesondere dann, wenn etwas Bestimmtes erreicht werden soll, zu besseren Resultaten und zu höherer Zufriedenheit führen als ein zielloser Zustand. Allerdings basieren solche Forschungsergebnisse natürlich immer auf Durchschnittsbetrachtungen. Der Einzelfall kann erheblich von solch generalisierenden Befunden abweichen. Vielleicht ist der ziellose Fischer, um ein Klischee zu bemühen, tatsächlich glücklicher als der von engen Zielvorgaben geplagte Verkaufsmanager. Vielleicht hat der Werbetexter, der ohne ausdrückliche Zielvorgaben über sein Produkt nachdenkt, einen glänzenden Einfall, während ein anderer, der verbissen die Werbeerfolgskontrollkennziffern verfolgt, keine brauchbaren Ideen liefert.

Aus diesem Grund halten sich viele Unternehmen für ihre als kreativ verstandenen Aufgaben – zum Beispiel Werbung, Design oder Entwicklung – einen »Goldfischteich«, in dem anstelle von Restriktionen und Formalitäten ein maximales Maß an Freiheit gewährt wird.

In diese Richtung zielt das Argument, dass viele Entdeckungen der Menschheit eher zufällig und spontan gekommen sind und nicht durch konkrete Ziele vorgegeben waren.

Als Beispiel wird hier die Entdeckung des Benzol-Ringes (Kekulé sah den Ring in einer Vision) oder die Entdeckung der Fallgesetze (Newton sah, wie ein Apfel zu Boden fiel) genannt.

Allerdings zieht dieses Argument nicht wirklich als Einwand gegen die Vorzüge von Zielen. Zwar ist richtig, dass, wenn man sich allzu stark auf eine Sache konzentriert und das erstrebte Ergebnis mit Gewalt erzwingen will, die Kreativität gehemmt sein kann. Andererseits sind die beiden angeführten Entdeckungen ja nicht wirklich zufällig und ziellos entstanden. Auf geistig hoch aktive Phasen, in der immense Informationsmengen gezielt gesammelt, aufbereitet und gespeichert wurden, folgten in beiden angeführten Beispielen kontemplative Ruhephasen (Rast unter dem Baum bzw. Halbschlaf vor dem Kamin), in der die aufgenommenen Informationen im Unbewussten weiterverarbeitet und verknüpft wurden und dabei das erstrebte Ergebnis »wie zufällig« gewahr wurde. Beide Forscher hätten sich und ihre Arbeit allerdings wohl kaum als ziellos bezeichnet.

Und, um diese Thematik abzuschließen: Wenn es wirklich einmal um den »ganz großen Wurf« gehen sollte und jemand meint, ohne konkrete Zielvorgaben unbeschwerter voranzukommen, dann lässt sich diesem Wunsch vielleicht auch einmal entsprechen. Nur ist der »ganz große Wurf« ja wohl doch eher die Ausnahme …

Zielsetzungsverhalten: Welchen Kriterien haben Ziele zu genügen?

Nicht alle Ziele sind gleichermaßen brauchbar. Es gibt eine Reihe von Kriterien, denen Ziele nach Möglichkeit genügen sollten, um ihre positive Wirkung auf Leistung und Zufriedenheit entfalten zu können.

Übung

Bevor Sie weiterlesen, beantworten Sie bitte die folgenden Fragen. Wie sollten Ziele Ihrer Ansicht nach formuliert sein, bzw. wodurch unterscheiden sich brauchbare von unbrauchbaren Zielen?

....

....

....

....

....

....

....

Bitte schreiben Sie einmal Ihre wichtigsten Ziele auf und vergeben Sie für jedes Ziel ein Kennwort. Wie viele Ziele Sie auflisten, bleibt Ihnen überlassen. Sie können diese auch auf einem separaten Blatt notieren.

Ziele	Kennworte

Betrachten Sie nochmals Ihre Ziele: Sind alle Bereiche abgedeckt (zum Beispiel berufliche Sachziele, berufliche Entwicklungs- und Karriereziele, Familie, Freizeit, Urlaub, Hobby, persönliche Entfaltungsziele). Fehlen manche Bereiche? Woran könnte das liegen?

....

....

....

....

....

....

Locke und Latham (1990) haben die Wirkung von Zielen und das Zielsetzungsverhalten eingehend untersucht. Diverse Experimente und Feldstudien haben dabei immer wieder bestätigt, dass insbesondere zwei Bedingungen erfüllt sein sollten, damit Ziele ihre leistungssteigernde Wirkung (s.o.) entfalten können:

- Ziele sollten schwierig und herausfordernd, zugleich aber realistisch und erreichbar sein.
- Ziele sollten konkret und spezifisch sein.

Ziele, die allzu leicht zu erreichen sind, führen nicht dazu, dass man sich wirklich anstrengt und seine Energien mobilisiert. Unrealistisch hoch gesteckte Ziele wiederum können dazu führen, dass man sein Bestes gibt und trotzdem frustriert wird. Diffus oder global formulierte Ziele haben den Nachteil, dass Kriterien fehlen, welche Schritte auf dem Weg zum Ziel zurückgelegt werden müssen, wie weit man schon gekommen ist und wann das Ziel erreicht ist. Mit spezifisch formulierten und schwierigen (aber noch erreichbaren) Zielen indes lassen sich zumeist deutliche Leistungsvorteile erzielen. Das gilt gerade im Vergleich zu leichten Zielen oder zu Zielen, die zwar schwierig, aber diffus formuliert wurden (»Erreiche dein Bestes!«).

Die Forschung hat aber auch gezeigt, dass schwierige und spezifische Ziele vor allem dann von Vorteil sind, wenn die Aufgabe verhältnismäßig einfach und gut strukturiert ist; dringt man dagegen in gänzlich neues Terrain vor und hat es außerdem mit einem kaum strukturierbaren Problemfeld zu tun, dann kann es von Vorteil sein, statt konkreter und spezifischer Ziele etwas unkonkretere Maximalziele zu formulieren (»Versuche, das Beste aus dieser unklaren Situation zu machen!«). Man ist weniger festgelegt und kann deshalb flexibler auf Unvorhergesehenes reagieren. Solche Situationen ergeben sich zum Beispiel beim Wechsel des Betätigungsfeldes, bei völlig neuartigen beruflichen Herausforderungen oder auch am Anfang einer neuen Partnerschaft.

In der Literatur werden verschiedentlich weitere Kriterien genannt, denen Ziele genügen sollten (vgl. Nerdinger 1995):

- Ziele sollten repräsentativ für die Aufgabe sein.
- Ziele sollten zeitlich fixiert sein.
- Ziele sollten nicht *zu* detailliert sein.
- Ziele sollten sich nicht gegenseitig behindern.

Die Forderung, dass Ziele repräsentativ für die Aufgabe sein sollten, weist auf Folgendes hin: Oft werden zwar für diejenigen Tätigkeitsbereiche, die sich leicht quantifizieren lassen (zum Beispiel durch Verkaufszahlen oder Trainingszeiten) Ziele formuliert, während für andere Bereiche, in denen eine Quantifizierung schwerer fällt (beispielsweise bei innovativen Projekten oder im familiären Bereich), keine expliziten Ziele gebildet werden. Hier besteht die Gefahr, dass die Bereiche, in denen Ziele fehlen, vernachlässigt werden. Zum Beispiel berichten Verkaufsmanager regelmäßig davon, dass vor allem in dem Monat, in dem die erfolgsabhängigen Provisionen festgelegt werden (das spezifische Ziel), alles andere vernachlässigt wird, vor allem die Familie und andere diffusere Zielbereiche wie die Mitarbeiterführung.

Weiterhin ist wichtig, dass Ziele einen zeitlichen Rahmen haben. Ziele mit einem weit gespannten Zeitrahmen sollten weniger detailliert formuliert sein als Ziele mit einem engen Zeitrahmen. Die Forderung, dass Ziele nicht zu detailliert sein sollten, widerspricht nur scheinbar der Forderung nach konkreten und spezifischen Zielen: Ziele sollten immer so konkret wie möglich und so detailliert wie nötig sein. Bei allzu detaillierten Zielvorgaben fehlt es dagegen häufig an der nötigen Flexibilität. Auf die Problematik, dass Ziele sich nach Möglichkeit nicht gegenseitig behindern sollten, werden wir im Zusammenhang mit Zielkonflikten gesondert eingehen (s. S. 41ff).

Übung

Betrachten Sie nochmals die Ziele, die Sie weiter oben aufgeschrieben haben. Prüfen Sie für jedes Ziel, inwieweit es den hier aufgeführten Anforderungen entspricht. Die wichtigste Frage sollte sein, ob Ihre Ziele wirklich spezifisch formuliert sind, d.h., ob sich aus diesen Zielen Maßnahmen ableiten lassen und ob sich Kriterien dafür angeben lassen, wann das Ziel erreicht ist bzw. wie weit man noch davon entfernt ist.

Beispiel: Das Ziel, gesünder zu leben, ist reichlich unspezifisch. Konkrete Maßnahmen könnten hier sein: Jeden zweiten Tag 30 Minuten joggen, in Pausen Obst statt Süßigkeiten essen, nur noch fünf Zigaretten am Tag rauchen. Kriterien für die Zielerreichung wären etwa: Senkung des Cholesterinspiegels um 30 Prozent, Lob vom Hausarzt, die alte Lieblingshose passt wieder usw.

Leiten Sie nun aus Ihren Zielen Maßnahmen und Kriterien ab. Falls nötig, präzisieren Sie Ihre Ziele entsprechend.

Kennworte der Ziele (von Seite 35 übernehmen)	Maßnahmen	Kriterien für die Zielerreichung

Bei welchen Zielen fiel es Ihnen besonders schwer, Maßnahmen zu bestimmen und Kriterien abzuleiten? Handelt es sich hier vielleicht um schlecht strukturierte, schwierige und neuartige Aktionsfelder? Ist hier der zeitliche Rahmen besonders weit gespannt?

....

....

....

....

....

....

....

Auswahl von Zielen: Welche Ziele sollten ausgewählt werden?

Antworten auf die Frage, nach welchen Kriterien man aus verschiedenen Zieloptionen oder Handlungsalternativen eine Auswahl treffen sollte, verspricht die VIE-Theorie von Vroom (1964). Dieser Ansatz, der zu den traditionellen Arbeitsmotivationstheorien zählt, hat in der Praxis starke Verbreitung gefunden. Wofür stehen die Buchstaben des Akronyms VIE? Beginnen wir in der umgekehrten Reihenfolge:

- E steht für die Erwartung, eine Handlung (zum Beispiel Teilnahme an einem Golfwettbewerb, Hausbesuch bei Versicherungskunden) erfolgreich ausführen und ein bestimmtes Ergebnis erreichen zu können (zum Beispiel Handicap unterbieten, Versicherungsabschluss).
- I steht für Instrumentalität, also dem Beitrag des Handlungsergebnisses zu den erstrebten Konsequenzen (zum Beispiel Platzzutrittberechtigung, Überschreitung einer Umsatzschwelle zur Prämienzahlung).

- V steht für Valenz, also dem Wert oder Nutzen der Konsequenzen einer Handlung (zum Beispiel sozialer Status, finanzielle Unabhängigkeit etc.).

Gemäß der VIE-Theorie sollte diejenige Handlungsoption ausgewählt werden, bei der das Summenprodukt aus der Erwartung, die Handlung ausführen zu können (E), der Instrumentalität dieses Handlungsergebnisses für die erstrebten Handlungsfolgen (I) und dem Nutzen dieser Handlungsfolgen (V) möglichst hoch ist. Konkret sollte eine Handlungsoption dann gewählt werden, wenn die Erwartung, diese Handlung erfolgreich ausführen zu können, hoch ist, das Handlungsergebnis möglichst positive und direkte Konsequenzen im Hinblick auf die erstrebten Handlungsfolgen hat und wenn die Handlungsfolgen besonders hoch bewertet werden: Kritisch wird häufig gegenüber der VIE-Theorie angemerkt, dass

- sie sehr rationalistisch ist und den emotionalen Bereich vernachlässigt,
- sehr hohe Anforderungen an den Informationsstand und die menschlichen Informationsverarbeitungsfähigkeiten gestellt werden, die bei komplexeren Entscheidungen kaum zu erfüllen sind,
- diese Theorie stark auf die Folgen einer Handlung fixiert ist und den Befriedigungswert der Handlung selbst ignoriert sowie
- dass die Größen V, I, E, von denen das Ergebnis der Berechnung abhängt, letztlich nur willkürlich bestimmt werden können.

Insgesamt steht die VIE-Theorie daher einer betriebswirtschaftlichen Entscheidungshilfe (die vorgibt, wie man sich, einen optimalen Informationsstand vorausgesetzt, verhalten *sollte*) in vieler Hinsicht näher als einer psychologischen Theorie (die beschreibt, was *wirklich* passiert). Wenn es aber gilt, den sprichwörtlichen Spatz in der Hand (E und I sind hoch, V niedrig) mit der Taube auf dem Dach zu vergleichen (E ist niedrig, I und V sind hoch), kann die VIE-Theorie durchaus von Nutzen sein und eine allzu frühe Festlegung auf die durch das Sprichwort nahe gelegte Lösung verhindern.

Auf Seite 36ff. werden zusätzliche Aspekte behandelt, an der man sich bei der Auswahl von Zielen orientieren kann, und die weiter gehen als rein rationale Entscheidungshilfen wie die VIE-Theorie. So wird sich das Kapitel 5 (Überkontrolle) mit der Gratwanderung zwischen Selbstbestimmung und Fremdkontrolle auseinander setzen (hier geht es darum, in welchem Ausmaß man sich bei der Zielsetzung und -verfolgung durch andere leiten lassen sollte), und das Kapitel 6 (intrinsische Motivation) wird aufzeigen, wie sich bei der Bildung von Zielen neben rationalen Erwägungen auch Emotionen und Gefühle berücksichtigen lassen.

Zielkonflikte: Wie lassen sich Zielkonflikte vermindern?

Menschen verfolgen in aller Regel nicht bloß ein, sondern mehrere Ziele gleichzeitig. Werden mehrere Ziele zugleich betrachtet, dann gewinnen die Beziehungen, die zwischen diesen Zielen bestehen, an Bedeutung. Ziele können unabhängig voneinander sein, sie können sich aber auch gegenseitig fördern oder sich im Wege stehen.

Bei Zielen, die (weitgehend) unabhängig voneinander sind, wäre etwa das eine Ziel, im Beruf neu gelernte Führungstechniken erproben zu wollen, und das andere Ziel, seine Freizeit aktiver zu gestalten: Beide Ziele berühren sich nicht näher. Ein Beispiel für Ziele, die sich gegenseitig unterstützen, wäre das Ziel, im Ausland zu arbeiten, das mit dem Ziel, eine Fremdsprache zu erlernen, einhergeht. Sich gegenseitig behindernde Ziele wären dann gegeben, wenn parallel zu dem Ziel, im Ausland zu arbeiten, das Ziel verfolgt wird, die sozialen Beziehungen innerhalb des bestehenden Arbeitsteams zu verbessern. Hier setzt das Festhalten an einem der beiden Ziele voraus, dass das jeweils andere aufgegeben oder zurückgestellt wird.

Wenn sich Ziele gegenseitig behindern oder ausschließen, spricht man von Zielkonflikten. Die Zielkonflikte einer Person sind umso stärker, je mehr sich ihre Ziele widersprechen.

Übung

Welche Gefahren sind bei (starken) Zielkonflikten zu befürchten?

....

....

....

....

....

....

Können Zielkonflikte auch Vorteile haben?

....

....

....

....

....

....

Die Forschung hat gezeigt, dass Zielkonflikte diverse Nachteile haben können (vgl. Emmons/King 1988). Zielkonflikte

- werden häufig als belastend erlebt (Stress),
- sind für Motivationslöcher verantwortlich,
- erschweren oder verhindern die Erreichung der Ziele,
- beeinträchtigen die Lebenszufriedenheit und das Wohlbefinden.

Andererseits hat sich auch gezeigt, dass das Wohlbefinden keinen Schaden zu nehmen braucht, wenn es trotz anfänglicher Zielkonflikte letztlich doch gelingt, seine Ziele zu erreichen (Kehr 2001b).

Offenbar haben Zielkonflikte einen janusköpfigen Charakter: Einerseits beeinträchtigen sie das Wohlbefinden, und zwar vor allem dann, wenn die gesetzten Ziele nicht erreicht werden. Wem es aber gelingt, seine Ziele trotz anfänglicher Zielkonflikte zu erreichen, der fühlt sich danach besonders gut. Das mag damit zusammenhängen, dass Zielkonflikte dazu beitragen können, verstärkt nach neuen Lösungen zu suchen und so tatsächlich innovative Lösungen zu entdecken. Außerdem mögen Zielkonflikte für manche Menschen eine Herausforderung bedeuten. Das wäre etwa dann anzunehmen, wenn jemand versucht, in verschiedensten, scheinbar unvereinbaren Bereichen zugleich erfolgreich zu sein, etwa ein guter Sportler, Familienvater, Verkäufer und Vorgesetzter zu sein, und ihm diese Anforderungsvielfalt Ansporn und Genugtuung bedeutet.

Insofern wäre es sicherlich überzogen (und unrealistisch), dem Ideal einer vollkommenen Konfliktfreiheit nachzustreben. Wie bei Konflikten im menschlichen Miteinander auch wohnt Zielkonflikten ein schöpferisches Potenzial inne, das entdeckt und genutzt werden kann. Darüber sollte aber nicht vergessen werden, dass gerade bei starken Zielkonflikten die negativen Konsequenzen in der Regel deutlich überwiegen. Insofern kann es sich lohnen, dort, wo besonders starke Zielkonflikte bestehen, nach Lösungsmöglichkeiten zu suchen.

Es geht also um die Frage, welche Konsequenzen einzelne Ziele für die übrigen Ziele haben. Wird dies sorgfältig analysiert, so lassen sich oft typische Rollen identifizieren:

- **Störenfried: Ein Ziel, das sich besonders ungünstig auf die übrigen Ziele auswirkt.**
  Beispiel: Das Ziel, die Kosten zu reduzieren, wirkt sich häufig negativ auf Ziele wie die Steigerung von Qualität, Kunden- oder Mitarbeiterzufriedenheit aus.
- **Verbündeter: Ein Ziel, das sich besonders günstig auf die übrigen Ziele auswirkt.**
  Beispiel: Das Ziel, eine glückliche Beziehung zu führen, gibt langfristig betrachtet vielen anderen beruflichen und privaten Zielen Energie und Rückhalt.

- **Opfer: Ein Ziel, das von den übrigen Zielen stark behindert wird.**
  Beispiel: Bei einem Start-up-Unternehmen nimmt das Ziel einer finanzwirtschaftlichen Unabhängigkeit oft wegen der zur Gründung erforderlichen Investitionen eine Opferrolle ein.
- **Begünstigter: Ein Ziel, das von den übrigen Zielen mit getragen und von ihnen unterstützt wird.**
  Beispiel: Das Ziel, seine Fremdsprachenkenntnisse zu verbessern, kann sich im Zuge eines Auslandsprojekts »wie von selbst« realisieren.

Übung

Welche Maßnahmen empfehlen sich Ihrer Meinung nach, sobald man bei seinen Zielen solche Rollen erkannt hat? Bitte notieren Sie Ihre Vorschläge:

Störenfried:

....

....

Verbündeter:

....

....

Opfer:

....

....

Begünstigter:

....

....

Grundsätzlich lassen sich folgende Empfehlungen geben:

- **Störenfried:** Dieses Ziel behindert die übrigen Ziele. Hier sollte erwogen werden, die Priorität des Störenfrieds zu vermindern: Ist es möglich, dieses Ziel weniger stark als bisher zu gewichten? Lässt es sich vielleicht zurückstellen?
- **Verbündeter:** Dieses Ziel unterstützt die übrigen Ziele. Lässt sich der Stellenwert dieses Zieles erhöhen? Könnte man mehr Ressourcen (zum Beispiel Zeit, Kapital, Aufmerksamkeit, Anstrengung usw.) auf dieses Ziel verwenden? Dies wird sich vermutlich multiplikativ auf die anderen Ziele auswirken.
- **Opfer:** Es kostet viel Kraft, dieses Ziel gegen alle Widerstände umzusetzen. Möglicherweise ist es angebracht, seine Priorität zu verringern. So lässt sich dem Druck am leichtesten ausweichen. Vielleicht möchte man aber auch an der Priorität des Opfers festhalten. Dann sollte man sich jedoch darüber im Klaren sein, wie schwer es sein wird, dieses Ziel gegen alle übrigen Ziele zu behaupten. Das kann sehr viel Energie kosten. Man sollte sich in jedem Falle geeignete Abschirmstrategien überlegen, mit denen sich das Opfer gegen die übrigen Ziele schützen lässt.
- **Begünstigter:** Dieses Ziel profitiert von den übrigen Zielen. Um es zu erreichen, braucht es voraussichtlich weniger Energien, als ursprünglich vorgesehen. Vielleicht spricht dies dafür, sich nicht mehr so stark auf dieses Ziel zu konzentrieren, es einfach »mitschwimmen« zu lassen. Die frei werdenden Energien lassen sich dann in andere Kanäle lenken. Vielleicht lohnt es sich aber auch, dieses Ziel möglichst bald zu realisieren und sich dann wieder anderen Aufgaben widmen zu können.

Nicht immer werden sich diese Empfehlungen auch realisieren lassen. Aber es wird jeweils die Richtung aufgezeigt, in die es sich lohnt, nach Maßnahmen zur Verringerung von Zielkonflikten zu suchen. Geht man immer dann, wenn dies möglich ist, nach diesen Empfehlungen vor, so wird sich nach und nach eine Zielstruktur herausbilden, die sich gegenseitig maximal fördert und nur noch wenig Konfliktpotenzial trägt. Dann wird man letzten Endes mehr erreichen und sich auch besser dabei fühlen.

Übung

Setzen Sie sich nun bitte ein weiteres Mal mit Ihren persönlichen Zielen auseinander. Nehmen Sie sich dazu nochmals die Ziele vor, die Sie auf S. 35 aufgeschrieben haben. Prüfen Sie für jedes Ziel, welche Konsequenzen es für die anderen Ziele hat.

Bestimmen Sie nun, welches Ziel am ehesten zu jeder der vier Rollen passt. Überlegen Sie konkrete Maßnahmen für jedes der Ziele, die Sie ausgewählt haben.

Mein Störenfried:

....

....

Maßnahmen:

....

....

....

....

Mein Verbündeter:

....

....

Maßnahmen:

....

....

....

....

....

Mein Opfer:

....

....

Maßnahmen:

....

....

....

....

....

....

....

Mein Begünstigter:

....

....

....

Maßnahmen:

....

....

....

....

....

....

....

Zusammenfassung

In diesem Kapitel ging es um den »Kopf«-Bereich: um Ziele und Zielkonflikte. Ziele können als positiv bewertete, zukünftige Ergebnisse des eigenen Handelns verstanden werden. Ziele setzen Energien frei, lenken diese in Erfolg versprechende Richtungen und helfen, Handlungsergebnisse zu bewerten. Im Ergebnis können Ziele daher Leistung und Wohlbefinden fördern. Dazu sollten Ziele nach Möglichkeit herausfordernd, zugleich aber realistisch sein, und sie sollten spezifisch formuliert sein, sodass sich Maßnahmen ableiten und Kriterien für die Zielerreichung bestimmen lassen. Bei neuartigen oder besonders schlecht strukturierten Aufgaben gilt das allerdings nur unter Einschränkungen.

Bei der Bildung von Zielen ist darauf zu achten, inwieweit sich die für das Ziel erforderlichen Handlungen auch realisieren lassen und tatsächlich die erstrebten Konsequenzen herbeiführen. Konflikte zwischen Zielen schließlich sollten nach Möglichkeit reduziert oder vermieden werden, weil vor allem starke Zielkonflikte die Erreichung der Ziele behindern und Unzufriedenheit hervorrufen können. Als Suchhilfe zur Reduzierung von Zielkonflikten lassen sich Ziele nach Rollen einteilen und entsprechende Empfehlungen geben (s. folgende Übersicht).

Insgesamt mag dieses Kapitel vielleicht ein wenig »kopflastig« wirken: Der emotionale Bereich, unbewusste Prozesse, Handlungsbarrieren und andere tiefer liegende Prozesse werden nicht thematisiert. Mit dieser Thematik soll sich das folgende Kapitel auseinandersetzen.

Typische Rollen von Zielen, ihre Kennzeichen und korrespondierende Empfehlungen		
Rolle	Kennzeichen	Empfohlene Maßnahmen
Stören-fried	Wirkt sich besonders ungünstig auf die übrigen Ziele aus	Priorität verringern (ggf. zurückstellen oder aufgeben)
Verbündeter	Wirkt sich besonders günstig auf die übrigen Ziele aus	Priorität steigern
Opfer	Wird von den übrigen Zielen stark behindert	Priorität verringern oder Abschirmstrategien gegen den störenden Einfluss der übrigen Ziele einleiten
Begünstigter	Wird von den übrigen Zielen deutlich gefördert	»Mitschwimmen« lassen oder aber die »Gunst der Stunde nutzen« und die Priorität steigern

Kapitel 3:
Unbewusste Motive kennen lernen

Dieses Kapitel wird sich nun mit dem »Bauch«-Bereich beschäftigen, nämlich mit den unbewussten Motiven.

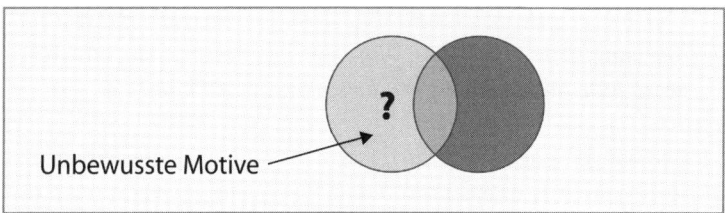

Abb. 5: Unbewusste Motive (nach: Kehr 2004)

Übung

Auch dieses Kapitel beginnen wir wiederum zur Einstimmung mit einer Frage: Was ist Ihrer Ansicht nach der Unterschied zwischen einem Ziel und einem Motiv?

....

....

....

....

....

....

....

....

Motive sind die Triebfedern des Verhaltens. Zur Abgrenzung von Motiven und Zielen wird im englischen Sprachraum die Gegenüberstellung von »push« (drücken) und »pull« (ziehen) angeführt: Motive drücken, während Ziele ziehen. Ziele markieren gewünschte Zukunftszustände und liegen damit außerhalb unserer Person. Dadurch sind sie relativ stark und direkt äußeren Einflüssen ausgesetzt.

 Das neue Auto des Nachbarn etwa kann schnell neue Konsumziele entstehen lassen. Motive dagegen entspringen unserem Inneren. Hier macht sich sozialer Einfluss deshalb bestenfalls indirekt und eher langfristig bemerkbar. Nur weil der Nachbar ein attraktives neues Auto fährt, werden sich meine Motive noch nicht ändern.

Motive hängen eng mit Bedürfnissen zusammen. Unter einem Bedürfnis versteht man das Empfinden eines Mangels, verbunden mit dem Wunsch, diesen Mangel zu beseitigen. Werden Bedürfnisse in niedere, biologische Bedürfnisse (zum Beispiel Durst, Hunger, Temperaturausgleich) und höhere, soziogene Bedürfnisse (zum Beispiel Erfolg haben, Status erwerben) eingeteilt, dann zählen Motive in der Regel zu den höheren Bedürfnissen. Man bezeichnet das Hungerbedürfnis also nicht als ein Motiv im engeren Sinne, das Bedürfnis, Status zu erwerben, dagegen schon. Nun kommt es allerdings für unsere Zwecke hier weniger auf die Differenzen zwischen Bedürfnissen und Motiven, sondern eher auf ihre Gemeinsamkeiten an. Daher werden einer motivationspsychologischen Tradition folgend (vgl. Murray 1938) die Begriffe Bedürfnis und implizites Motiv weitgehend synonym verwendet.

Wie kam die Wissenschaft dazu, dem menschlichen Verhalten Motive zu unterstellen? Die Grundlage dafür bildeten bestimmte Beobachtungen: Manche Menschen reagieren bereits auf leichte Reize stark, sie entwickeln in der gleichen Situation eine stärkere Verhaltensbereitschaft als andere und besitzen schließlich manchmal ein besonders großes Durchhaltevermögen. Es lag nahe, eine Größe zu postulieren, die zwar weder von außen direkt beobachtbar noch dem Handelnden selbst bekannt sein muss, die aber als »Erklärung« für diese Besonderheiten in Frage kommt.

Wenn beispielsweise bekannt ist, dass eine Person ein starkes Sexu-almotiv besitzt, dann ist zu erwarten, dass diese Person besonders häufig an sexuelle Themen denken wird, dass sie häufiger Situationen aufsuchen wird, in denen sich dieses Motiv befriedigen lässt, oder dass sie sich oft diesem Motiv entsprechend verhalten wird.

Motive bilden sich aufgrund der individuellen Erfahrungen, die der Einzelne im Verlauf seiner Entwicklung macht. Dabei spielen Anlage- und Umweltfaktoren eine Rolle. Je nach den biologischen Anlagen und den individuellen Erfahrungen, die ein Mensch gemacht hat, sind die dadurch entstandenen Motive von Mensch zu Mensch unterschiedlich stark ausgeprägt. Das bedeutet, dass die gleiche Situation unterschiedlich erlebt wird und dass entsprechend anders reagiert wird.

Entstehung von Motivation aus der Anregung von Motiven

Im Kapitel 1 wurde bereits dargelegt, dass sich Motivation im Wechselspiel zwischen den Motiven einer Person und den Anreizen der Situation (vgl. auch Abb. 1 auf S. 18) entwickelt. Die Entstehung von Motivation nimmt dabei häufig einen charakteristischen Verlauf, wie Abbildung 6 auf der nächsten Seite illustriert:

 Diese Abbildung soll am Beispiel des Hungers erläutert werden (zwar ist Hunger kein höheres Motiv, aber dafür ist es als Beispiel sehr anschaulich). Auf der Vertikalen ist die Stärke des Hungers abgetragen, auf der Horizontalen der Zeitablauf. Folgt man der Kurve von links beginnend, so ist das Hungerbedürfnis zunächst sehr schwach. Offenbar liegt die letzte Mahlzeit noch nicht lange zurück. Der Hunger ist zu schwach, um die Bewusstseinsschwelle zu überwinden (vgl. die gestrichelte Linie in dieser Abbildung) – man denkt einfach nicht ans Essen. Dann aber, mit der Zeit, wächst das Hungerbedürfnis langsam an. Die Ursache dafür liegt zum einen in der Person selbst (Stoffwechsel), zum anderen aber auch in ihrer Umwelt (vielleicht ziehen Düfte durch das Haus, die von der nächsten Mahlzeit künden).

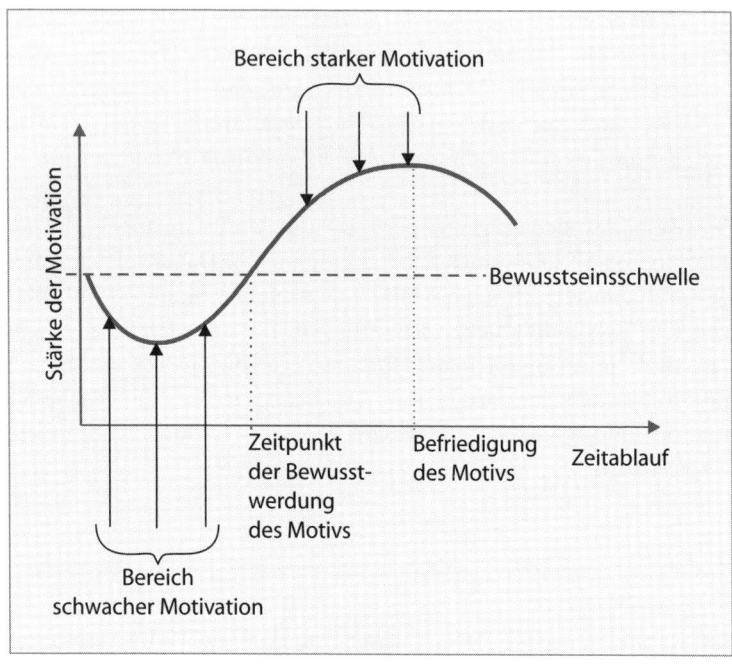

Abb. 6: Entstehung von Motivation

 Als Ergebnis dieses Prozesses steigt das Hungerbedürfnis langsam an und überwindet nun die Bewusstseinsschwelle: Man denkt wieder ans Essen. Zwar ist der Hunger zunächst noch nicht hinreichend stark, um gegen die Tätigkeit, die gerade ausgeführt wird (zum Beispiel ein Buch lesen), die Oberhand zu gewinnen. Aber im weiteren Verlauf der Kurve nimmt die auf dem Hunger gründende Motivation immer weiter zu (»Ich könnte mal wieder etwas essen …«), bis sie schließlich stärker als die Motivation zur Buchlektüre wird: Man sucht sich etwas zu essen und isst. Das Hungerbedürfnis hat sich durchgesetzt und bestimmt in diesem Moment das Handeln. Durch das Essen wird der Hunger befriedigt, wodurch seine Stärke abnimmt und letztlich wieder in der Ausgangssituation mündet.

Natürlich stellt diese Abbildung den tatsächlichen Verlauf nur stark vereinfacht dar. In Wirklichkeit gibt es nicht nur ein Motiv, sondern es überlagern sich ständig verschiedene Motive. Diese Dynamik führt dazu, dass die Bedürfnisstärke in der Realität nicht kontinuierlich ansteigen, sondern eher einen sprunghaften Verlauf nehmen wird: Mal denkt man an den Hunger, dann wieder an etwas anderes. Dennoch denkt man bei starkem Hunger insgesamt wohl häufiger an Essen als sonst. Insofern lässt sich der Kurvenverlauf durchaus als eine passable Annäherung an die Realität auffassen.

Einteilung in Motivklassen: Anschluss-, Macht- und Leistungsmotiv

Die Forschung hat sich bereits früh damit beschäftigt, in welche Klassen sich Motive sinnvoll einteilen lassen. So hat Murray etwa bereits 1938 ein umfangreiches Klassifikationsschema vorgestellt.

Motivkatalog

Selbstdarstellung	Leidvermeidung
Fürsorglichkeit	Ordnung
Spiel	Zurückweisung
Sinnhaftigkeit	Sexualität
Erniedrigung	Leistung
Sozialer Anschluss	Aggression
Unabhängigkeit	Widerständigkeit
Unterwürfigkeit	Selbstgerechtigkeit
Machtausübung	Misserfolgsmeidung
Hilfesuchen	Verstehen (Einsicht)
Erwerb	Tadelvermeidung
Wissensdrang	Aufbauen (Organisieren)
Darlegen (Unterrichten)	Geltungsdrang
Zurückbehalten (Sparsamkeit)	(nach: Murray 1938)

Problematisch bei einer derart feinen Einteilung der menschlichen Motive ist, dass sich die einzelnen Motivarten überschneiden und damit nicht mehr trennscharf sind, was Probleme bei der Messung und bei der Verhaltensprognose bereitet. So überlagert sich das Motiv zu spielen beispielsweise häufig mit der Selbstdarstellung, aber auch mit der Leidvermeidung oder der Fürsorglichkeit.

Aus diesem Grunde ist die Forschung von solch feinen Aufschlüsselungen der Motive abgerückt. Eine etwas gröbere Einteilung von Motiven geht auf den klinischen Psychologen Maslow (1943) zurück. Maslow unterscheidet im Wesentlichen fünf Motivklassen:

- Selbstverwirklichung,
- Ich-Motive (Selbstachtung und Anerkennung),
- soziale Motive (Liebe zu anderen, Zugehörigkeit),
- Sicherheit,
- physiologische Bedürfnisse.

Maslow nahm an, dass diese Motive in einem hierarchischen Verhältnis zueinander stehen: Erst wenn das jeweils niedrigere Motiv befriedigt ist, sollte das jeweils höhere Motiv aktiviert werden können. Deshalb wird seine Theorie häufig in Form einer Motivpyramide dargestellt.

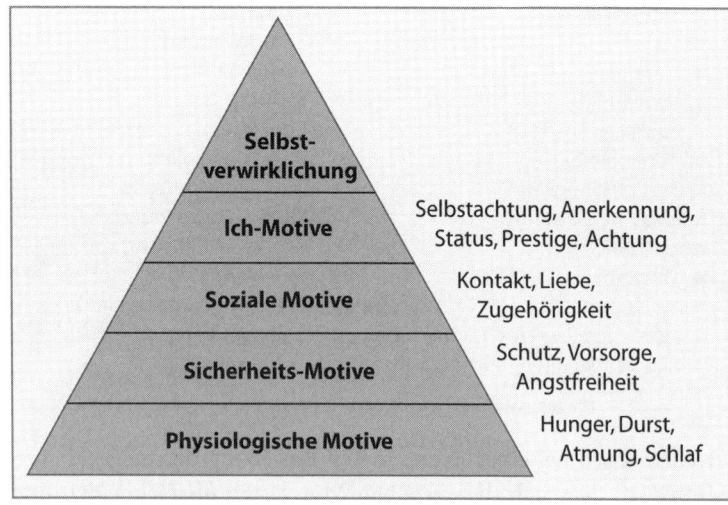

Abb. 7: Motivpyramide nach Maslow

Obwohl die Theorie von Maslow ihrer empirischen Überprüfung nicht standhalten konnte, erfreut sich dieser Ansatz nach wie vor gerade bei Praktikern einer großen Beliebtheit (vgl. von Rosenstiel u.a. 2000). Das mag auch damit zusammenhängen, dass die zugrunde liegenden Annahmen plausibel klingen und sich mit Volksweisheiten decken: »Erst kommt das Fressen, dann kommt die Moral.« Andererseits ist beispielsweise aus Beobachtungen bei Gefangenen bekannt, dass selbst wenn deren basale Bedürfnisse unerfüllt sind (zum Beispiel Hunger, Durst und Sicherheitsbedürfnisse), höhere Motive wie soziale oder Selbstverwirklichungsbedürfnisse dazu führen können, dass die Häftlinge sich in Theater- oder Tanzgruppen zusammenschließen oder künstlerisch betätigen.

Letztlich hat sich deshalb die hierarchische Anordnung von Motiven nicht wirklich durchsetzen können. Man kann wohl davon ausgehen, dass zumindest die höheren Motive prinzipiell gleichrangig nebeneinander stehen, und dass es von der genauen Konstellation der Situation abhängt, welches Motiv gerade angeregt wird.

Eine Einteilung, die auf McClelland zurückgeht und sich auch empirisch bewährt hat (vgl. Schmalt u.a. 2000), destilliert aus der Vielfalt der menschlichen Motive drei breite Motivklassen heraus: Anschluss-, Macht- und Leistungsmotive (vgl. Abbildung 8, S. 56).

Diese Motive, die McClelland als die »Großen Drei« bezeichnet hat, sollen nun durch Beispiele näher charakterisiert werden. Das Anschlussmotiv ist darauf gerichtet, andere Menschen kennen lernen zu wollen und mit ihnen ein freundschaftliches Verhältnis aufzubauen. Es geht hier allerdings nicht darum, soziale Netze aufbauen zu wollen, um diese neuen Bekanntschaften für seine Zwecke einzusetzen; das mag zwar hin und wieder auch wichtig sein, entspricht aber einem anderem Motiv (dem Machtmotiv, s.u.). Das Kennenlernen erfolgt beim Anschlussmotiv um seiner selbst willen, schlicht weil Menschen soziale Wesen sind und entsprechende Bedürfnisse besitzen.

Beim Leistungsmotiv geht es darum, sich selbst möglichst hohe Leistungsstandards zu setzen, um diesen Standards dann möglichst gerecht werden zu wollen. Dabei interessiert nicht die äußere Bewertung, sondern es kommt allein darauf an, dem selbst gesetzten Maßstab gerecht zu werden. Wenn doch einmal Feedback bei anderen gesucht wird, so geschieht dies vor allem, um seine eigene Leistung selbst besser *einschätzen* zu können, und nicht, um *Anerkennung* von anderen zu erhalten.

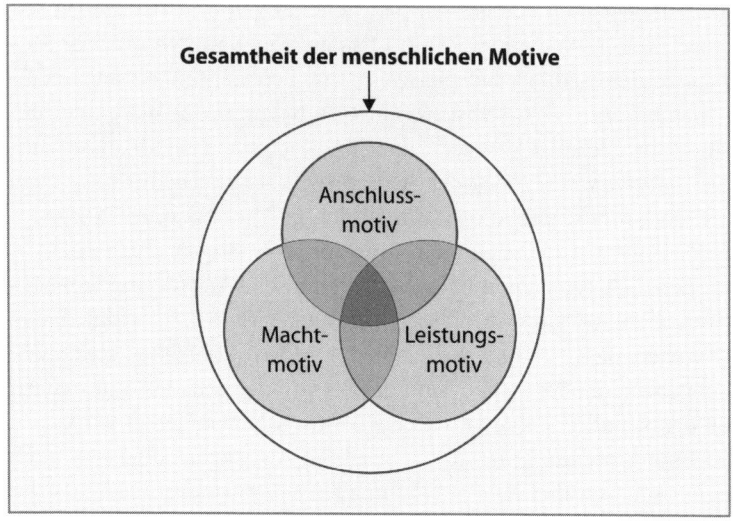

Abb. 8: Anschluss-, Macht- und Leistungsmotiv

Thema des Machtmotivs wiederum ist es, andere zu beeinflussen. Es geht darum, die Kontrolle herzustellen und zu behalten, und zwar in erster Linie Kontrolle über andere, aber auch Kontrolle über sich selbst und über seine äußere Lebensumwelt. Das Machtmotiv ist auch mit dem Streben nach Anerkennung verbunden, die oft durch Statussymbole dokumentiert wird. Der Begriff »Macht« sollte hier allerdings völlig wertfrei verwendet werden, das heißt, es ist grundsätzlich offen, ob die Personen, die beeinflusst werden, davon einen Nutzen oder einen Schaden haben. In diesem Sinne hat auch eine Mutter Macht über ihr Kind, wie auch das Kind Macht über die Mutter hat, was spätestens deutlich wird, wenn das Kind einmal eine Nacht durchschreit.

Für das Verständnis von Motiven sind zwei grundsätzliche Anmerkungen wichtig:

1. Ein bestimmtes Motiv kann die verschiedensten Verhaltensweisen in Gang setzen.
2. Dasselbe Verhalten kann aus unterschiedlichen Motiven hervorgehen.

Zu 1.: Auf welche Weise ein bestimmtes Motiv, zum Beispiel das Leistungsmotiv, befriedigt wird, ist von Person zu Person sehr unterschiedlich. Das hängt vor allem von der Lern- und Erfahrungsgeschichte des Einzelnen ab. Der eine Leistungsmotivierte spielt vielleicht nächtelang gegen den Schachcomputer, der andere sucht seine Herausforderung im Sport, wieder ein anderer wächst bei schwierigen beruflichen Projekten über sich hinaus. Dennoch ist in der Gesamtbetrachtung zu erwarten, dass jemand mit einem hohen Leistungsmotiv im Durchschnitt häufiger Verhaltensweisen wählen wird, die diesem Motiv entsprechen.

Zu 2.: Aus nur einer isolierten Verhaltensbeobachtung heraus lässt sich nicht zweifelsfrei bestimmen, durch welches Motiv dieses Verhalten motiviert ist. So kann beispielsweise die innige Umarmung zweier Menschen Ausdruck des Anschlussmotivs sein, sie kann aber auch aus angeregten Machtmotiven resultieren, etwa wenn bekannt ist, dass es sich bei den Akteuren um die Lenker zweier Staaten handelt, und sie kann schließlich auch aus Leistungsmotiven herrühren, etwa bei dem Versuch eines Paares, einen Dauertanzwettbewerb zu gewinnen.

Daher ist Vorsicht bei Rückschlüssen auf die Motivation anderer Menschen angebracht: Die Motivation des Menschen steht nicht auf seiner Stirn geschrieben. Zuallererst handelt es sich um innere Prozesse, die vor allem in Form von Gefühlen oder spontanen Impulsen zu Tage treten. Ob dies auch nach außen tritt, kann die Person zumindest teilweise selbst bestimmen: Auch wenn dies nicht immer gelingen mag, so lassen sich Gefühle und spontane Impulse doch zumindest prinzipiell kontrollieren oder unterdrücken, und es können auch andere als die wahren Gefühle oder Impulse vorgespielt werden.

Wie die Abbildung 8 auf Seite 56 zeigt, decken die großen drei Motive einen weiten Bereich der gesamten Motive des Menschen ab. Allerdings wird im Vergleich mit dem Motivkatalog auf Seite 53 auch deutlich, dass nicht wirklich alle menschlichen Motive durch die drei großen Motive erfasst werden. Manches Motiv bleibt ausgespart, beispielsweise Selbstgerechtigkeit oder Sparsamkeit. Weiterhin verdeutlicht die Abbildung 8 auf Seite 56, dass auch die großen drei Motive keineswegs wirklich trennscharf voneinander sind: Es gibt erkennbare Überschneidungen, was auch bedeutet, dass eine scharfe Abgrenzung nicht immer glücken kann. Beispiele für typische Überlappungen zwischen den Motiven sind:

- **Überschneidung Anschluss/Macht:** Man lernt gern andere Menschen kennen, und zwar vor allem dann, wenn diese Menschen auch einen hohen Status besitzen. Diese Motivkonstellation äußert sich in einem Seminar zum Beispiel dadurch, dass Teilnehmer bereits im Vorfeld genau wissen wollen, welche Funktion die anderen Seminarteilnehmer haben, um sich dann im Seminar gezielt neben besonders »einflussreiche« Teilnehmer zu setzen.
- **Überschneidung Leistung/Macht:** Man setzt sich gerne hohe Leistungsstandards, ist aber vor allem dann hoch motiviert, wenn die Früchte der eigenen Arbeit etwas bewirken und das auch von anderen honoriert wird.
- **Überlappung Anschluss/Leistung:** Man erfüllt gerne hochgesetzte Leistungsstandards, allerdings am liebsten in Form von Gruppen- oder Projektarbeit.
- **Überschneidung aller drei Motive:** Ein Beispiel dafür mag der Eintritt in einen Golfklub sein: Einerseits macht einem der Golfsport selbst großen Spaß, es ist eine Wonne, wenn man den Ball richtig getroffen hat, und man ist hoch motiviert, sein Handicap langsam zu verbessern. Andererseits kann man im Golfklub neue Freunde gewinnen und hat auf dem Platz hinreichend Gelegenheit, sich jenseits der Alltagshektik über vieles auszutauschen und dabei näher zu kommen. Und schließlich vereint ein Golfklub viele einflussreiche Mitglieder, sodass sich hier soziale Netze knüpfen lassen, die auch für das weitere Fortkommen von Bedeutung sein können.

Furcht- und Hoffnungsmotive

Die drei beschriebenen Motivklassen setzten sich wiederum jeweils aus Furcht- und Hoffnungskomponenten zusammen. Das bedeutet, dass zu jedem Motiv eine aufsuchende und eine meidende Komponente gehört. Entsprechend sind sechs Motivklassen zu unterscheiden (vgl. Abbildung 9).

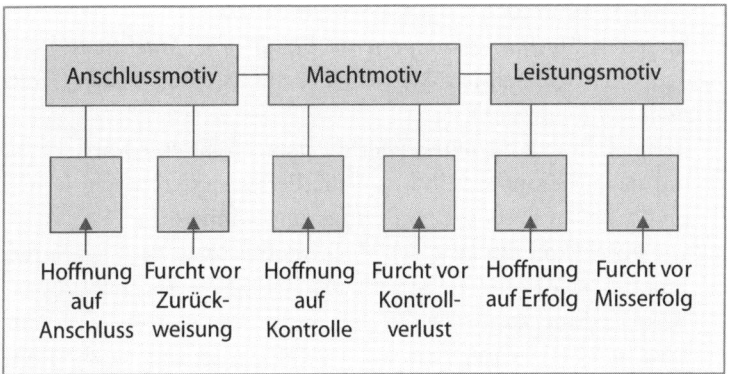

Abb. 9: Sechs Motivklassen

Diese sechs Motivklassen sollen anhand von Beispielen veranschaulicht werden. Es werden sechs fiktive Personenprofile vorgestellt, die jeweils einer der Motivklassen besonders entsprechen. Zur Verdeutlichung der einzelnen Motivklassen wird unterstellt, dass alle sechs Personen nach einer Karriere im Unternehmen streben, dies aber jeweils aus unterschiedlichen Motiven heraus motiviert ist.

- Die **Hoffnungskomponente des Anschlussmotivs** richtet sich darauf, andere Menschen kennen zu lernen, sich ihnen gegenüber aufzuschließen und mit ihnen eine warme und freundschaftliche Beziehung aufzubauen (*Hoffnung auf Anschluss*).
  Beispiel: Eine anschlussmotivierte Person möchte auf ihrem Karriereweg im Unternehmen möglichst viele Menschen kennen lernen. Bei einem Abteilungswechsel ist sie neugierig, mit welchen Menschen sie künftig zusammenarbeiten wird.

- Bei einer deutlich ausgeprägten **Furchtkomponente des Anschlussmotivs** besteht in sozialen Situationen Angst davor, nicht gemocht oder ausgeschlossen zu werden (*Furcht vor Zurückweisung*).
  Beispiel: Eine zurückweisungsängstliche Person gibt freundschaftliche Kontakte nur ungern auf. Ihre Motivation, Karriere im Unternehmen zu machen, ist vor allem darin begründet, dass sie befürchtet, in einer untergeordneten Position weniger gemocht zu werden.
- In seiner *Hoffnungskomponente beruht das Machtmotiv* auf dem Verlangen, andere Menschen beeinflussen zu wollen (*Hoffnung auf Kontrolle*).
  Beispiel: Eine kontrollmotivierte Person strebt eine Karriere an, um dabei besonders einflussreiche Personen kennen zu lernen und selbst an Einfluss und Prestige zu gewinnen.
- Die **Furchtkomponente des Machtmotivs** basiert auf der Sorge, Einfluss oder Kontrolle zu verlieren (*Furcht vor Kontrollverlust*).
  Beispiel: Eine kontrollverlustängstliche Person strebt den Aufstieg im Unternehmen an, weil sie befürchtet, dass sie die Konkurrenten überholen könnten, wenn sie bei einer erreichten Position verharren würde.
- In der **Hoffnungskomponente des Leistungsmotivs** werden die verschiedensten Situationen als Gelegenheiten aufgefasst, sein Leistungsvermögen zu testen und sich selbst möglichst zu übertreffen (*Hoffnung auf Erfolg*).
  Beispiel: Eine erfolgsmotivierte Person sieht die Karriere vor allem als eine persönliche Herausforderung an. Sie setzt sich immer höhere Ziele, um ihr Bestes geben zu können und aus der Erreichung dieser Ziele persönliche Genugtuung zu ziehen.
- Die **Furchtkomponente des Leistungsmotivs** bezieht sich darauf, Angst davor zu haben, zu versagen und seine eigenen Ziele nicht zu erreichen (*Furcht vor Misserfolg*).
  Beispiel: Eine misserfolgsmotivierte Person hat bei ihrer Arbeit Angst davor, schlechte Leistungen zu zeigen. Um Misserfolg zu vermeiden, strengt sie sich besonders an. Selbst wenn andere mit ihrer Leistung zufrieden sind, wird eine misserfolgsängstliche Person mit dem Erreichten häufig nicht zufrieden sein.

Übung: Selbsteinschätzung der Motive

Nach dieser Einführung in die Motivthematik schätzen Sie doch einmal die Stärke Ihrer eigenen Motive ein. Sämtliche Kombinationen sind zulässig, das heißt, Sie könnten bei allen Motiven zugleich ausgesprochen hohe Werte haben oder etwa durchgängig hohe Hoffnungs-, zugleich aber niedrige Furchtwerte etc.

Für wie hoch halten Sie Ihre ...	Sehr gering Sehr hoch
Hoffnung auf Anschluss (mit anderen Leuten Kontakt aufnehmen wollen)	0 1 2 3 4 5 6
Furcht vor Zurückweisung (nicht mehr gemocht oder ausgeschlossen werden)	0 1 2 3 4 5 6
Hoffnung auf Kontrolle (andere Menschen beeinflussen; anerkannt sein wollen)	0 1 2 3 4 5 6
Furcht vor Kontrollverlust (Einfluss und Kontrolle verlieren)	0 1 2 3 4 5 6
Hoffnung auf Erfolg (etwas möglichst gut machen wollen)	0 1 2 3 4 5 6
Furcht vor Misserfolg (schlechte Leistung zeigen)	0 1 2 3 4 5 6

Sie haben nun Ihre Motive eingeschätzt. Wenn Sie sich nochmals die Darstellung von Kopf und Bauch als zwei sich teilweise überschneidende Kreise vergegenwärtigen (vgl. Abbildung 2 auf S. 19: Über welchen Bereich haben Sie soeben Auskunft gegeben, über den »Kopf«- oder den »Bauch«-Bereich?

....

....

....

....

....

Die »Auflösung« finden Sie auf S. 66ff.

Übung: Das Einstellungsproblem

Stellen Sie sich vor, Sie wären für den Bereich, in dem Sie beruflich tätig sind, mit der Einstellung eines neuen Mitarbeiters beauftragt worden. Es gibt eine Reihe von Aspiranten für diese Stelle, und alle bringen die erforderlichen Qualifikationen mit. Angenommen, Sie würden über eine exakte Methode verfügen, außerdem auch die Motive der Kandidaten zu erfassen. Sie kennen also die Motive jedes Kandidaten und wissen, dass alle unterschiedlichen Kombinationen von Motiven darunter sind.

Welche Motivstruktur sollte Ihr idealer Kandidat besitzen? Wen würden Sie einstellen?

....

....

....

....

....

....

....

....

....

....

....

....

....

....

....

....

Die beste Antwort auf die gestellte Frage ist: Es kommt darauf an! Prinzipiell ist keine Motivstruktur den anderen überlegen. Entscheidend ist letztlich immer die Passung zwischen den Anforderungen der Stelle und den bestimmten Motiven. Für jede Motivkombination lassen sich besonders geeignete, aber auch besonders ungeeignete Stellen finden.

So sind Leistungsmotive etwa dann von Vorteil, wenn es gilt, schwierige Projekte in Eigenregie anzugehen. Bei sich wiederholenden, langweiligen Tätigkeiten dagegen schneiden Leistungsmotivierte nicht unbedingt besser ab als andere. Teamarbeit wiederum ist bei Leistungsmotivierten häufig unbeliebt, weil sich hier keine individuellen Leistungsstandards festlegen lassen und weil vielleicht nicht alle Teammitglieder entsprechend bei der Sache sind.

Dafür ist Teamarbeit das ideale Betätigungsfeld für Anschlussmotivierte. Hier können auch Anschlussmotivierte überdurchschnittliche Leistungen zeigen, was etwa bei Schwimmstaffeln belegt werden konnte.

Machtmotivierte wiederum sind im Vorteil, wenn es gilt, andere Menschen zu führen oder zu beeinflussen (Sokolowski/Kehr 1999; vgl. Kapitel 6, S. 138ff.).

Denkt man an die Unterscheidung von Furcht- und Hoffnungsmotiven, so sind Hoffnungsmotivierte vor allem dann im Vorteil, wenn Kreativität oder Innovationskraft gefragt ist. Aber auch Furchtmotive können Vorteile haben, etwa dann, wenn es um das analytische Durchdringen von Problemen oder um Risikoanalyse und -vorsorge geht.

Würde ein Unternehmen indes nur aus Leistungsmotivierten bestehen, so würden zwar womöglich hochproduktive Forschung und Entwicklung betrieben, aber vielleicht am Markt vorbeigearbeitet werden. Anschlussmotivierte wiederum mögen zwar den Teamgeist beflügeln und das Betriebsklima aufbessern, aber von Kaffeekränzchen allein wird kein Unternehmen überleben können. Und Machtmotivierte schließlich helfen, die nötigen Strukturen und Kontrollmechanismen einzurichten, die für die Stabilität eines Unternehmens sorgen. Gäbe es ausschließlich Hoffnungsmotivierte, dann bestünde die Gefahr des Aktionismus: Neue Projekte würden schnell beschlossen, wären aber vielleicht unzureichend vorbereitet und nicht gegen Risiken abgesichert. Furchtmotivierte allein wiederum bringen nicht die Flexibilität und Innovationsstärke, die ein Unternehmen heutzutage braucht.

Und schließlich berührt das oben gestellte Einstellungsproblem auch das Menschenbild, das man besitzt:

 Angenommen, es gäbe zwei Kandidaten. Der eine hat eine glückliche Kindheit in einem liebevollen und unterstützenden Elternhaus genossen, stets Erfolg in Schule und Ausbildung gehabt etc.; Ängste sind dieser Person völlig fremd. Der andere dagegen hatte eine schwere Kindheit, musste sich oft allein durchboxen, hat in Schule und Ausbildung nicht bloß Erfolge erlebt; Existenzängste sind dieser Person nicht fremd, jedoch hat sie gelernt, mit ihnen umzugehen. Wen würde man einstellen?

Eine seriöse Lösung solcher Einstellungsprobleme würde voraussetzen, dass zunächst systematisch analysiert wird, welche Motivstrukturen besonders erfolgreiche Menschen in mit der vakanten Stelle vergleichbaren Positionen haben. Dazu gibt es entsprechende Messverfahren, die wissenschaftlich erprobt sind (vgl. S. 66ff). Aus den dabei gewonnenen Erkenntnissen ließe sich dann ein Anforderungsprofil erstellen.

Vielleicht hat Ihre Antwort oben nicht: »*Es kommt darauf an!*« gelautet, sondern Sie haben doch bereits ein konkretes Motivprofil erstellt. Nun könnte es ja sein, dass Sie Ihren Bereich wirklich bereits so gut kennen, dass Ihnen eine empirische Analyse kaum neue Erkenntnisse liefern würde und deshalb entbehrlich wäre. Allerdings haben zahlreiche Untersuchungen ergeben, dass die meisten Menschen schon ihre eigenen Motive nicht gut kennen. Wer meint, auch ohne systematische Diagnostik die Motive seiner Mitmenschen erkennen zu können, läuft deshalb Gefahr, sich selbst zu überschätzen und eine Fehlentscheidung zu treffen.

Aus den Motivkennwerten, die Sie sich auf der S. 61 gegeben haben, lassen sich für jedes der drei Motive Brutto- und Nettowerte berechnen. Die Formeln sind einfach:

Bruttowert = Hoffnungswert + Furchtwert
Nettowert = Hoffnungswert − Furchtwert

Übung

So können Sie Ihre Brutto- und Nettowerte selbst berechnen:

	Brutto (Hoffnung + Furcht)	Netto (Hoffnung − Furcht)
Anschlussmotiv		
Machtmotiv		
Leistungsmotiv		

Anmerkung: Bruttowerte können von 0 bis 12 reichen, Nettowerte von −6 bis +6.

Was bedeutet Ihrer Ansicht nach ein hoher bzw. niedriger Bruttowert? Wie werden zwei Personen voraussichtlich reagieren, von denen die eine einen Bruttowert beim Anschlussmotiv von 6 hat, die andere dagegen von 0, wenn Sie zum Beispiel an einer Bushaltestelle fremden Menschen begegnen?

....

....

....

Wie wird sich wiederum ein positiver bzw. negativer Nettowert psychologisch auswirken? Stellen Sie sich wiederum eine Bushaltestelle vor. Angenommen, ein Neuankömmling hätte einen Netto-Anschlusswert von +3, ein anderer dagegen von −3. Wie werden die beiden wohl reagieren?

....

....

....

Bruttowerte lassen erkennen, wie wichtig das betreffende Motiv insgesamt für eine Person ist. Man spricht hier auch von der Gesamtstärke eines Motivs. Je höher dieser Wert ist, desto stärker reagiert man auf Situationen, die dieses Motiv anregen, und desto weniger lassen einen solche Situationen »kalt«. Nettowerte dagegen lassen darauf schließen, ob jemand eine Situation, bei der dieses Motiv angeregt wird, gerne aufsuchen wird (bei positiven Nettowerten) oder ob er derartige Situationen am liebsten meiden würde (bei negativen Nettowerten). Aber auch die Person im Beispiel mit der Bushaltestelle oben ist ihrem negativen Nettowert keineswegs »ausgeliefert«. Sie hat durchaus die Möglichkeit, trotz bestehender Furcht auf die Mitreisenden zuzugehen, nur muss sie sich dazu – anders als die Person mit dem positiven Nettowert – erst *überwinden* (wie sie das schaffen könnte, wird das Kapitel 4 aufzeigen).

Unbewusste Motive und selbst eingeschätzte Motive

Weiter oben haben Sie Ihre Motive eingeschätzt. Diese Selbsteinschätzung bezieht sich allerdings nicht etwa auf den Bauch, sondern auf den Kopfbereich! Das ist vielleicht nicht unmittelbar einsichtig und soll deshalb erläutert werden: Das Kapitel 2 hat sich mit Zielen auseinander gesetzt. Sie wurden gefragt: »Welche Ziele haben Sie?« und haben vielleicht geantwortet: »Ich möchte 20 Prozent mehr Einkommen erzielen«. Ein derartiges Ziel ist dem Kopfbereich zuzuordnen. Nun hätten Sie aber statt nach Zielen auch nach Ihren Werten gefragt werden können (mögliche Antwort: »Die Umwelt sollte verstärkt geschützt werden.«), nach Ihren Interessen (mögliche Antwort: »Ich arbeite gerne im Freien.«) oder eben auch nach Ihren Motiven (mögliche Antwort: »Ich bin leistungsmotiviert.«). All diese Antworten entstammen allerdings dem »Kopf«-Bereich. Das bedeutet, dass Ihre selbst eingeschätzten Motive Ihren Zielen prinzipiell näher stehen als Ihren unbewussten Motiven; sie betreffen nur ein anderes Abstraktionsniveau (Ziele sind im Allgemeinen konkreter als Motive).

Nun haben Sie bei der Frage nach Ihren Motiven wahrscheinlich versucht, Auskunft über Ihren Bauchbereich zu geben. Im günstigen Falle haben Sie dabei den Bereich der Linse beschrieben (der Bereich der Schnittmenge in der Abbildung 2 auf S. 19. Und vielleicht kennen Sie Ihren »Bauch«-Bereich recht gut, sodass die Linse bei Ihnen vielleicht deutlich größer ist, als es diese Abbildung suggeriert. Im ungünstigen Fall allerdings haben Sie vielleicht nicht einmal über die Linse Auskunft gegeben, sondern haben sich von Ihren Wünschen leiten lassen (»Ja, selbstverständlich bin ich leistungsmotiviert.«). In diesem Fall entspräche Ihre Antwort allein dem dunkel gezeichneten Kreisausschnitt in dieser Abbildung. Aber so gut Sie sich auch eingeschätzt haben mögen – es wird Ihnen nicht geglückt sein, in den unbewussten Bereich vorzudringen, der außerhalb der Schnittmenge liegt (das entspricht dem hell gezeichneten Feld in dieser Abbildung.

Die Forschung hat gezeigt, dass die Übereinstimmung zwischen selbst eingeschätzten und unbewussten Motiven im Durchschnitt äußerst gering ist. Manche Studien haben sogar gefunden, dass beide Bereiche weitestgehend unabhängig (!) voneinander sind (zum Beispiel Spangler 1992). Offenbar kennen viele Menschen nur kleine Ausschnitte Ihrer unbewussten Motive. Wie bei einem Eisberg liegt der weitaus größte Teil im Verborgenen.

Wie lässt sich mit dieser Situation am besten umgehen? Prinzipiell könnte man versucht sein, den unbewussten Bereich zu ignorieren, getreu dem Motto: Was ich nicht weiß, macht mich nicht heiß. Problematisch daran ist, dass sich immer wieder gezeigt hat, dass unbewusste Motive unser Erleben und Verhalten beeinflussen, ob wir es wollen oder nicht. Wir erleben das als unwillkürliche Triebe und Impulse, als scheinbar unbegründete Ängste, vielleicht auch als unpassende Ablenkungen oder Verlockungen. Manchmal stehen einem die unbewussten Motive im Wege, ein andermal sind sie als Energielieferant hochwillkommen.

Wenn es gelänge, seine unbewussten Motive besser einschätzen zu können, dann ließe sich besser verstehen, was einen antreibt oder hemmt. Man könnte seine Ziele und Lebenspläne so ausrichten, dass sie möglichst mit den eigenen Motiven übereinstimmen. So wären weniger innere Widerstände zu befürchten, die Realisierung von Projekten fiele leichter und man würde sich auch besser dabei fühlen (das Kapitel 6 wird diese Thematik wieder aufgreifen).

Übung

Wie könnten Sie mehr über Ihre unbewussten Motive erfahren, wenn es doch über die direkte Selbsteinschätzung (»Welche Motive habe ich?«) nicht funktioniert?

....

....

....

....

....

....

Um seine unbewussten Motive besser einzuschätzen, könnte man zunächst einmal damit beginnen, andere nach ihrem Urteil zu befragen. Fremdeinschätzungen liefern oftmals Informationen, die das Bild, das man von sich hat, ergänzen und erweitern. Dennoch hat dieses Verfahren verschiedene Nachteile:

- Andere Personen können zwar Verhalten beobachten, nicht aber die dahinter stehenden Motive.
- Auch fremde Personen haben zumeist ein einseitiges Bild von einer Person, was auch damit zusammenhängen mag, dass man sich anderen gegenüber gerne in einer bestimmten Weise präsentiert (mancher meint, den »wahren« Charakter des Partners erst bei der Trennung erkannt zu haben).
- Fremde können versucht sein, geschönte Antworten zu produzieren, vielleicht um nicht verletzend zu wirken.

Alternativ kann man sich selbst in kritischen Situationen genauer beobachten und dabei vor allem auch auf jene Gefühle und Impulse achten, die im Verborgenen entstehen und oft nicht nach außen dringen. In der nun folgenden Übung sind ausgewählte Fragen zur

Selbstbeobachtung zusammengestellt worden. Um seine Fähigkeit zur Selbsteinschätzung zu verbessern, sollte man sich solche Fragen regelmäßig stellen. Wenn man zudem die Antworten aufschreibt, kann man von Zeit zu Zeit Vergleiche ziehen und Entwicklungen erkennen.

Übung

Im Folgenden sind einige Fragen zusammengestellt worden, anhand derer Sie versuchen können, Ihre eigenen Motive einzuschätzen.

- **Leistungsmotiv:** Bin ich wirklich so betont leistungsmotiviert, wie ich mich oft gebe und auch selbst gern sehe? Suche ich auch dann, wenn niemand mich dabei beobachtet und es keinerlei Konsequenzen hat, nach persönlichen Herausforderungen? Oder kann ich, wenn nichts auf dem Spiel steht, auch einmal ruhig die Beine hochlegen? Sind es eher angenehme oder unangenehme Gefühle, die mich zur Leistung anstacheln? Geht es mir wirklich nur darum, meinen eigenen Leistungsmaßstäben gerecht werden zu wollen? Wenn ich zum Beispiel selbst meine, ein Projekt erfolgreich abgeschlossen zu haben, aber die äußere Anerkennung ausbleibt, bin ich dann trotzdem mit mir zufrieden?
- **Machtmotiv:** Welche Gefühle habe ich, wenn ich mit wichtigen und einflussreichen Personen zu tun habe? Freue ich mich darauf oder würde ich dem am liebsten ausweichen? Oder lassen mich derartige Situationen eher kalt? Macht es mir Spaß, andere zu beeinflussen, sie von meiner Meinung zu überzeugen? Habe ich Angst davor, dass mir das vielleicht einmal nicht gelingen könnte, dass ich dadurch meinen Einfluss verlieren könnte? Wie wichtig ist mir die Anerkennung anderer? Wenn ich zum Beispiel selbst meine, bei einem Projekt geschludert zu haben, dessen ungeachtet aber Anerkennung von außen erhalte, bin ich dann trotzdem zufrieden?
- **Anschlussmotiv:** Macht es mir wirklich Spaß, andere Menschen kennen zu lernen? Oder bin ich vor allem dann offen für neue Kontakte, wenn ich meine, dass mir das auch von Nutzen sein könnte? Oder vor allem dann, wenn ich ganz sicher sein kann, dass ich auch gemocht werde? Wenn ich flüchtigen Bekannten begegne, würde ich dann der Situation häufig am liebsten aus dem Wege gehen (auch wenn das oft nicht realisierbar ist)? Muss ich mich manchmal überwinden, um aktiv auf andere zuzugehen?

Gibt es vielleicht weitere Fragen, die für Ihre persönliche Situation besser geeignet sind?

....

....

....

....

....

....

....

Um seine Motive genauer kennen zu lernen, besteht außerdem die Möglichkeit, seine Motive systematisch messen zu lassen. Zur Messung von unbewussten Motiven gibt es verschiedene projektive und teil-projektive Verfahren. »Projektiv« verweist hier auf den Umstand, dass diese Messverfahren sich nicht wie konventionelle Fragebögen mit der Selbsteinschätzung der Befragten begnügen (weil, wie oben ausgeführt worden ist, die Frage: »Sind Sie machtmotiviert?« nicht wirklich den unbewussten Bereich erreicht). Stattdessen verwenden diese Fragebögen bestimmte Bilder, in die sich der Befragte hineinversetzen soll (vgl. Abb. 10 auf S. 71).

Die Abbildung 10 wurde dem Thematischen Auffassungstest (TAT) entnommen, der auf Murray (1938) zurückgeht. Dieses Verfahren wurde bereits vor über 50 Jahren erdacht und ist seitdem ständig weiterentwickelt worden. Gerade in jüngerer Zeit erfreut sich der TAT wieder eines regen Forschungsinteresses. Der Entwicklung des TAT lag der Grundgedanke zugrunde, dass bei der Betrachtung von Bildsituationen unwillkürlich Gefühle entstehen und Motive angeregt werden, die dann auf das Bild übertragen (projiziert) werden. Der Befragte hat nun die Aufgabe, eine möglichst anregende Geschichte zu dem dargestellten Bild zu erfinden und aufzuschreiben. Diese Geschichten zu einer Serie solcher Bilder werden dann von erfahrenen Auswertern nach bestimmten Schlüsseln ausgewertet und nach ihrem »motivthematischen Gehalt« beurteilt, das heißt danach, inwieweit sie auf bestimmte Motive schließen lassen. Es lässt sich leicht vorstellen, dass die Geschichten zu der in der folgenden Abbildung dargestellten Szene tatsächlich höchst unterschiedlich sein können. Die meisten Geschichten zu diesem Bild handeln von der Liebe, von dem Wunsch, Beziehungen zu festigen etc. In einigen Fällen wird dies aber auch mit Machtaspekten vermengt, wenn etwa in den Geschichten Eifersucht thematisiert wird. Manche Auswertungen lassen aber auch auf ein ausgeprägtes Leistungsmotiv schließen, etwa wenn dem Darsteller Worte in den Mund gelegt werden wie: »Lass mich, ich muss zur Arbeit!«

Mit dem TAT lassen sich akkurate Verhaltensprognosen erstellen, und zwar vor allem für spontanes Verhalten, das nicht oder

Abb. 10: Bild aus dem Thematischen Auffassungstest (TAT)

nur wenig sozialer Kontrolle unterliegt, sowie für langfristige Entwicklungstrends des Lebens. Allerdings hat dieses Verfahren auch verschiedene Nachteile. Zum einen kommen verschiedene Auswerter trotz der ausgefeilten Auswertungsschlüssel häufig zu unterschiedlichen Urteilen. Zum anderen ist es sowohl für die Befragten als auch für die Auswerter mit einem großen Zeitaufwand verbunden und daher – vergleicht man es mit einem konventionellen Fragebogen – verhältnismäßig kostenintensiv.

Inzwischen gibt es ein weiteres Verfahren, das so genannte »Multi-Motiv-Gitter« (MMG), mit dem sich Motive messen und gültige Verhaltensprognosen ableiten lassen, ohne zugleich die Nachteile des TAT in Kauf nehmen zu müssen (Sokolowski u.a. 2000). Wie beim TAT werden auch beim MMG Bildsituationen vorgegeben (vgl. Abb. 11 auf S. 73).

Bei der Betrachtung dieser Bilder entstehen unwillkürlich Fantasien, wodurch Motive angeregt werden. Die eigentliche Messung dieser Motive erfolgt dann aber nicht über Geschichten, sondern über vorgegebene Statements, die zu beurteilen sind (deshalb ist dies ein *teil*-projektives Verfahren). Der Zeitaufwand beim Ausfüllen ist gering und es können keine Zweideutigkeiten bei der Auswertung entstehen. Das MMG als wissenschaftlich abgesichertes Verfahren zur Motivmessung ist im Handel erhältlich (Schmalt u.a. 2000) und wird auch im Rahmen des Selbstmanagement-Trainings der Universität München bereits seit einigen Jahren mit Erfolg eingesetzt (www.smt-muenchen.de).

Änderung von Motiven

Nicht alle Motive, die man aufgrund einer eingehenden Selbstbeobachtung oder als Ergebnis einer systematischen Motivmessung bei sich feststellen mag, entsprechen dem Wunschbild, das man von sich hat. Nicht jeder ist so leistungsmotiviert, wie er sich selbst gerne sehen würde, und mancher hat vielleicht ausgeprägte Furchtmotive, obwohl er sich vielleicht gerne als frei von Furcht erleben oder geben möchte. Häufig entsteht hier der Wunsch, seine Motive zu ändern, vor allem jene Motive, die den gegenwärtig verfolgten

Lebenszielen zu widersprechen scheinen. Indes geht die Wissenschaft davon aus, dass Motive, wenn sie einmal entstanden sind, langfristig wirksam und nur äußerst schwer zu verändern sind. Es handelt sich hier um tief verankerte Grundfesten der Persönlichkeit.

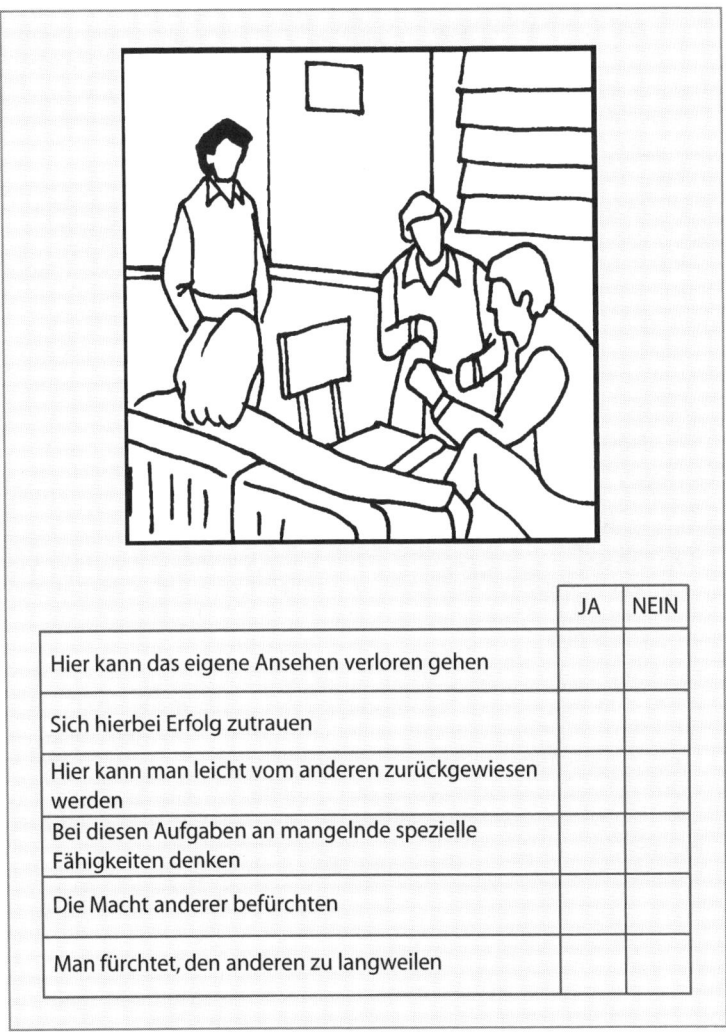

	JA	NEIN
Hier kann das eigene Ansehen verloren gehen		
Sich hierbei Erfolg zutrauen		
Hier kann man leicht vom anderen zurückgewiesen werden		
Bei diesen Aufgaben an mangelnde spezielle Fähigkeiten denken		
Die Macht anderer befürchten		
Man fürchtet, den anderen zu langweilen		

Abb. 11: Bild aus dem Multi-Motiv-Gitter (MMG) von Schmalt u.a. (2000)

Exkurs: Frühe Motivänderungsversuche

David McClelland, einer der Pioniere der Motivforschung, gab sich trotz seiner eigenen anfänglichen Skepsis gegenüber der Veränderbarkeit von Motiven zunächst optimistisch. So schrieb er Mitte der 60er-Jahre, zu Beginn seiner Motivänderungsprogramme mit indischen Jungunternehmern, die auf eine Steigerung des Leistungsmotivs angelegt waren: »Ein Marsianer würde wohl beobachten, dass eine Persönlichkeitsveränderung für diejenigen, die dies für schwierig halten, äußerst schwierig, wenn nicht unmöglich ist, deutlich einfacher dagegen für jene, die dies für machbar halten.« (McClelland/Winter 1969, S. 322; Übers. d.V.)

Um das Leistungsmotiv zu steigern, lernten die Teilnehmer seiner Programme alles, was sie dachten oder taten, mit leistungsbezogenen Fantasien zu verbinden. Ausdrücklich sollte sich dies nicht bloß auf den beruflichen Bereich beschränken, sondern sämtliche Lebensbereiche einschließen. Erwartungsgemäß erreichten die auf diese Weise Trainierten nach einigen Monaten höhere Motivkennwerte, gemessen anhand des TAT (s. S. 70f.). Allerdings wurde wohl zu Recht eingewendet, dass dieses Ergebnis künstlich verfälscht sein dürfte: Es ist schließlich damit zu rechnen, dass die Instruktion, alles mit leistungsbezogenen Assoziationen zu verbinden, auch auf die Bildgeschichten abfärbt. Damit würden höhere Leistungswerte ausgewiesen, ohne dass sich wirklich die Motive geändert zu haben brauchen.

Als weiterer Erfolgsbeleg seiner Trainingsprogramme konnte McClelland zeigen, dass die Trainierten im Vergleich zu einer untrainierten Kontrollgruppe in stärkerem Maße unternehmerisch aktiv geworden waren, mehr investiert und auch mehr Beschäftigte eingestellt hatten (allerdings zeigte sich auch, dass die Trainierten mehr Konkurse zu verzeichnen hatten als die Kontrollgruppe). Jahre später, im Rückblick auf seine Motivänderungstrainings, äußerte McClelland selbst die Auffassung, dass derartige Trainings zwar erfolgreich sein mögen, aber nicht, indem sie das Leistungsmotiv steigern, sondern indem sie die Techniken verbessern, mit seinen Motiven umzugehen und das Leben zu meistern.

Neben dem Argument der Machbarkeit sprechen aber auch ethische Bedenken gegen den Versuch, Motive durch Trainings zu verändern. Kein Motiv ist per se besser als die anderen, und auch ein momentan als hemmend erlebtes Motiv (zum Beispiel ein ausgeprägtes Furchtmotiv) kann sich vielleicht später einmal als hilfreich erweisen, weil es dann vor einer Gefahr warnt oder zu einer gründlicheren Analyse eines Problems drängt. So kann prinzipiell jede Motivkonstellation auf günstige oder aber auf ungünstige Umweltbedingungen treffen (vgl. das Einstellungsproblem auf S. 62). Weshalb sollte daher ein Trainer oder ein beauftragendes Unternehmen den Anspruch erheben, ein bestimmtes Motiv zu steigern oder abzuschwächen? Und auch der Einzelne selbst, der aufgrund eigener Entscheidungen seine Motive ändern möchte, sollte sich fragen lassen, ob die Ziele, die er momentan für wichtig und erstrebenswert hält, wirklich ein derart hohes Gewicht haben (und auch behalten werden), dass man diesen Zielen zuliebe die Grundfesten der Persönlichkeit aufgeben und ändern sollte.

Das bedeutet allerdings keineswegs, dass man seinen Motiven hilflos ausgeliefert wäre. Zum einen besitzen wir verschiedene wirkungsvolle Mechanismen, die es uns erlauben, auch mit ungünstigen und hinderlichen Motivkonstellationen umzugehen (vgl. Kapitel 4). Außerdem können wir, anstelle unsere Motive zu ändern, auch den umgekehrten Weg gehen und unsere Ziele und sonstigen Lebenspläne an den bestehenden Motiven ausrichten (vgl. Kapitel 6).

»Wenn wir die eingeschlagene Richtung nicht ändern, gelangen wir wahrscheinlich dort hin, wohin wir gehen.«
(Altes chinesisches Sprichwort)

Zusammenfassung

Motive sind die Triebfedern unseres Verhaltens. Sie entstehen im Verlauf der individuellen Lern- und Erfahrungsgeschichte. Entsprechend haben verschiedene Menschen auch unterschiedliche Motive, das heißt, sie erleben die gleiche Situationen anders und reagieren entsprechend auch unterschiedlich. Der Zustand angeregter Motive wird als »Motivation« bezeichnet.

Wichtig ist, dass Motivation stets im Wechselspiel zwischen den Anreizen der Umwelt und den Motiven der Person entsteht. Oft spielen sich diese Prozesse weitgehend im Unbewussten ab. Dieser Umstand trägt dazu bei, dass sich unbewusste Motive nur sehr beschränkt durch eine direkte Selbsteinschätzung erfassen lassen.

Um seine Motive besser einschätzen zu können, empfiehlt es sich, seine Gedanken und Gefühle in kritischen Situationen eingehend zu beobachten und festzuhalten. Genauere Einschätzungen sind durch die Verfahren zur systematischen Motivdiagnostik zu erreichen.

Die »großen drei« Motive sind das Anschluss-, das Macht- und das Leistungsmotiv. Diese drei Motive lassen sich weiter in Hoffnungs- und Furchtkomponenten aufspalten.

Zu beachten ist, dass jedes Motiv seine ihm eigenen Vorzüge und Stärken besitzt. Es hängt vor allem von den situativen Gegebenheiten ab, inwieweit diese Stärken zum Tragen kommen können. Dieser Umstand spricht – neben der umstrittenen Machbarkeit – gegen den Versuch, Motive im Hinblick auf die aktuellen Ziele ändern zu wollen.

Kapitel 4:
Willensstärke einschätzen und aufbauen

Dieses Kapitel behandelt nun die Situationen, in denen Bauch und Kopf auseinander fallen (vgl. Abb. 12) und die Überwindung der dadurch hervorgerufenen Schwierigkeiten und Konflikte: Es geht um Willensstärke.

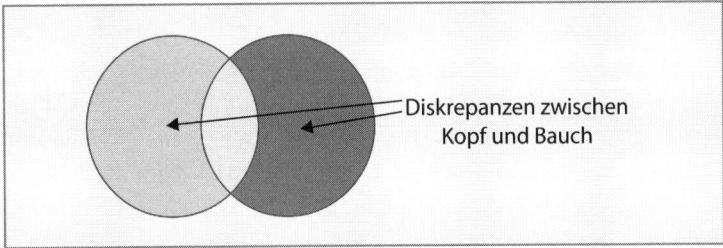

Diskrepanzen zwischen Kopf und Bauch

Abb. 12: Auseinanderklaffen von »Kopf« und »Bauch«

Übung

Zu Beginn dieses Kapitels beantworten Sie bitte zwei Fragen:

Wozu braucht man Willensstärke?

....

....

Wozu braucht man keine Willensstärke?

....

....

»Wille« ist ein schillernder Begriff. Seit dem Altertum philosophiert der Mensch darüber, ob es so etwas wie Willen überhaupt gibt, was man sich darunter vorzustellen hat und welche Funktionen er gegebenenfalls ausübt. Hierauf gibt es natürlich viele Antworten, die häufig nur geringe Ähnlichkeiten erkennen lassen und die sich zum Teil auch widersprechen. Nun gibt es bei der Festlegung dessen, was unter »Wille« zu verstehen ist – wie bei jeder Begriffsbestimmung – kein per se richtiges oder falsches Vorgehen. Allerdings kann eine Definition praktikabel oder aber unpraktikabel sein. Nach Möglichkeit sollte sie eine genauere Differenzierung im Vergleich zu vorher ermöglichen (sonst wäre die Definition überflüssig) und außerdem die Kommunikation erleichtern.

Manche Menschen verwenden den Begriff »Willen« sehr weit, andere dagegen eher eng. Die geläufige Formulierung »Ich will etwas essen!« entspricht zum Beispiel einem sehr weiten Willensverständnis. Sämtliche Ziele und Bedürfnisse sind dann als Wille zu verstehen. Hier besteht die Gefahr, dass der Willensbegriff verwässert wird. Außerdem gibt es im Grunde bereits einen Begriff, der das Gemeinte besser trifft: Motivation. Zwar sagt man normalerweise nicht: »Ich bin motiviert, etwas zu essen!«, jedoch würde es den Kern des Gemeinten treffen. Man muss sich also fragen, was das Besondere eines derart weit verstandenen Willensbegriffes ist.

Ein engeres Begriffsverständnis von »Wille« geht davon aus, dass die Funktion des Willens in der Überwindung von Schwierigkeiten liegt. Nicht immer, wenn es um die Realisierung von Zielen oder um die Befriedigung von Bedürfnissen geht, sondern nur bei auftretenden Schwierigkeiten wird dieser Auffassung zufolge Wille benötigt. Das Problem liegt bei dieser Begriffsauffassung allerdings darin, was genau unter »Schwierigkeiten« verstanden wird. Erfordert nicht jede auch noch so leichte Handlung die Überwindung von Schwierigkeiten – auch wenn diese vielleicht klein sein mögen und nicht immer ins Bewusstsein treten? Zum Beispiel die Überwindung der Gravitationskraft und des Luftwiderstandes sowie die Berechnung von Wurfparabeln und Ein- und Ausfallwinkeln beim Tennisspiel? Je weiter die Auffassung von »Schwierigkeiten« ist, desto mehr nähert man sich also dem oben verworfenen, weiten Willensverständnis an.

Innere und äußere Handlungsbarrieren

Als Auflösung bietet sich die Unterscheidung von inneren und äußeren Handlungsbarrieren an (vgl. Sokolowski 1993):

- Äußere Handlungsbarrieren können in der Situation begründet sein oder ihre Ursachen in der fehlenden sozialen Unterstützung haben.
- Innere Schwierigkeiten dagegen liegen in einem selbst. Man hat vielleicht keine Lust, ist abgelenkt oder hat vor irgendetwas Angst.

Innere und äußere Schwierigkeiten können sich allerdings auch überlagern und sind dann nicht immer scharf voneinander zu trennen. Das ist zum Beispiel dann der Fall, wenn die Situation derart ungünstig ist (äußere Schwierigkeit), dass einem die Lust vergeht (innere Schwierigkeit), oder wenn man aus Unlust so unkonzentriert ist, dass man eine entstehende Gefahr übersieht. Dennoch lassen sich innere und äußere Ursachen für Handlungsbarrieren in den meisten Fällen recht gut unterscheiden.

Übung

Nennen Sie bitte jeweils drei Beispiele für innere und äußere Schwierigkeiten.

Äußere Schwierigkeiten:

1. ....

2. ....

3. ....

Innere Schwierigkeiten:

1. ....

2. ....

3. ....

Die Unterscheidung, ob eine Handlungsblockade innere oder äußere Ursachen hat, ist vor allem deshalb wichtig, weil jeweils andere Lösungsstrategien gefragt sind. Dies lässt sich an einem Fallbeispiel illustrieren.

Fallbeispiele

Fallbeispiel A: Stellen Sie sich vor, Sie fahren mit dem Auto zu Ihrem Partner bzw. Ihrer Partnerin. Plötzlich liegt ein Baum auf der Straße. Was können Sie tun, um trotzdem Ihr Ziel zu erreichen?

....

....

....

....

....

....

Fallbeispiel B: Wieder sind Sie unterwegs zu Ihrem Partner bzw. Ihrer Partnerin. Unterwegs beschleichen Sie Zweifel: Soll ich wirklich weiterfahren? Der Streit vom Vorabend wird sicher wieder angefacht werden, das wird anstrengend werden und die Freunde sitzen derweil beim Fußball in der Kneipe usw.

Was können Sie hier tun, um trotzdem Ihr Ziel zu erreichen?

....

....

....

....

....

....

....

Im Fall A, der äußeren Barriere, kann man vielleicht kräftig anpacken, Hilfe herbeirufen oder einen Umweg fahren. All diese Strategien versagen jedoch im Fall B, der inneren Barriere. Hier hilft keine Feuerwehr, kein kräftiges Zupacken. Um sein Ziel nicht aufzugeben, müsste man hier in ein inneres Zwiegespräch eintreten, indem man sich zum Beispiel sagt: »Wie schön wird es sein, wenn wir dieses Problem ausdiskutiert haben«, oder auch: »Wenn ich jetzt umkehre, dann ist alles aus.«

Allgemein liegen die Ursachen für innere Widerstände in einem selbst (Beispiel: keine Lust auf Überstunden). Sie sind motivationsbedingt, das heißt, diese Widerstände liegen daran, dass die Motivation fehlt oder dass unangenehme Gefühle auftreten, welche das Handeln behindern. Man steht sich in solchen Situationen also selbst im Wege, obwohl man die nötigen Kompetenzen oder Problemlösefähigkeiten durchaus besitzen mag.

Demgegenüber liegen die Ursachen für äußere Widerstände in der Umwelt oder an anderen Personen (Beispiel: Software funktioniert nicht). Sie sind meist fähigkeitsbedingt, das heißt, die eigenen Fähigkeiten reichen nicht aus. Zur Überwindung äußerer Schwierigkeiten ist vor allem angebracht, Techniken zur Problemlösung zu verwenden (zum Beispiel scharf nachzudenken) oder seine Kompetenzen durch Übung oder Lernen zu stärken. Lediglich seine Motivation zu erhöhen hilft bei äußeren Widerständen oft wenig.

Von »Wille« sollte nur dann gesprochen werden, wenn es gilt, innere Schwierigkeiten zu überwinden. Das, was zur Überwindung äußerer Schwierigkeiten benötigt wird, lässt sich dagegen besser als »Problemlösung« bezeichnen.

> **Wir können also festhalten: Der Wille dient dazu, Handlungsabsichten gegen innere Widerstände durchzusetzen.**

Vereinfacht wird »Wille« damit zu einem Sammelbegriff für verschiedene Strategien der »Selbstüberlistung« (vgl. Kuhl/Fuhrmann 1998; Sokolowski 1993). Abbildung 13 auf der nächsten Seite zeigt die zwei bedeutendsten Aktionsfelder eines so verstandenen Willens.

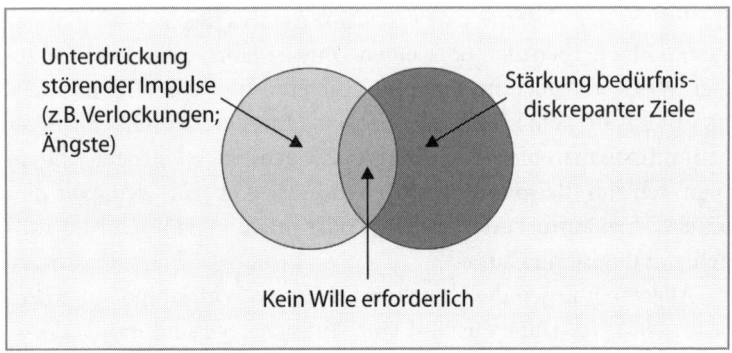

Unterdrückung störender Impulse (z.B. Verlockungen; Ängste)

Stärkung bedürfnisdiskrepanter Ziele

Kein Wille erforderlich

Abb. 13: Zwei Aktionsfelder des Willens (nach: Kehr 2004)

Der rechte Kreisausschnitt repräsentiert den Teilbereich der Ziele, der sich nicht mit den impliziten Motiven deckt. In diesem Bereich liegen »bedürfnisdiskrepante Ziele«, oder vereinfachend: »Ziele ohne Energie«.

 Ein Beispiel dafür ist das Ziel, die Wohnung aufzuräumen, obwohl einem das keinen Spaß macht. Der Wille dient hier dazu, die nötigen Energien bereitzustellen, die für solche bedürfnisdiskrepanten Ziele benötigt werden.

Der linke Kreisausschnitt steht für den Teil der unwillkürlichen, auf angeregten Motiven und Bedürfnissen basierenden Impulse, der nicht mit den aktuell verfolgten Zielen vereinbar ist.

 Beispiele dafür sind die Ablenkung durch den laufenden Fernseher, die Verlockung durch Süßigkeiten oder die Angst, in einer Prüfung zu versagen. Der Wille dient in diesen Fällen dazu, die störenden Impulse zu unterdrücken.

Auch wenn sich die beiden Aufgaben des Willens – künstliche Erzeugung von Handlungsenergie und Unterdrückung störender Impulse – häufig überlagern, lohnt es sich, diese Unterscheidung zu kennen.

Kulturelle Bedeutung von Willenskraft

Die Fähigkeit, trotz Langeweile, Unlust oder Ängsten handeln zu können, erlaubt es dem Menschen, sich von seinen aktuellen Bedürfnissen zu emanzipieren und langfristige Ziele verfolgen zu können. Tiere besitzen diese Fähigkeit nicht, weshalb einige Forscher gerade dies für ein bedeutsames Unterscheidungskriterium von Mensch und Tier halten. Bereits Nietzsche hat in diesem Sinne argumentiert: »Es ist das erste Zeichen, dass das Tier Mensch geworden ist, wenn sein Handeln nicht mehr auf das augenblickliche Wohlbefinden, sondern auf das dauernde sich bezieht.« Und auch für Kant basiert »Freiheit im kosmologischen und praktischen Verstande« im Wesentlichen auf der »Unabhängigkeit der Willkür von der Nötigung durch Antriebe der Sinnlichkeit«.

So ist es nur konsequent, dass Willenskraft im Sinne einer Fähigkeit, innere Schwierigkeiten überwinden zu können, in vielen Kulturen hoch geschätzt wird. Den so genannten Initiationsriten kommt die Aufgabe zu, diese Fähigkeit zu schulen. Meist sind es Jugendliche, die solchen Initiationsriten unterzogen werden, um in den Kreis der Erwachsenen aufgenommen zu werden.

Bemerkenswert ist, dass es bei dem auf Seite 84 dargestellten Initiationsritus nicht oder nur am Rande auf das Erlernen von Jagdtechniken ankommt – die Fähigkeit, mit Pfeil und Bogen umzugehen, Fährten zu lesen und sich heranzupirschen, hat der Jüngling ausgiebig mit den Erwachsenen trainieren können. Es geht also hier – wie auch bei vielen Initiationsriten in westlichen Industrienationen, etwa dem Abitur oder der studentischen Mensur – nicht (oder nur am Rande) um äußere Schwierigkeiten und um das Erlernen von Strategien zur Problemlösung. Es sind vor allem innere Barrieren, die erzeugt werden sollen: Angst und Unlust, hervorgerufen durch Kälte, Einsamkeit, Mangel an Proviant, und die aufkeimende Angst bei der Annäherung an den Eisbären, die dann in der direkten Konfrontation mit dem Raubtier kulminiert. Um diese inneren Barrieren zu überwinden, ist Willensstärke erforderlich. Es wird erwartet, dass die dabei gelernten Willensstrategien später auch auf andere Lebenssituationen übertragen werden können.

Abb. 14: Initiationsritus der Innuit. Diese Abbildung zeigt einen jungen Innuit, der seine Initiation erfolgreich bestanden hat. Seine Aufgabe war es, allein auf sich gestellt einen Eisbären mit Pfeil und Bogen zu erjagen.

Übung

Sind Ihnen aus Ihrem Kulturkreis auch derartige Initiationsriten bekannt? Welche?

....

....

....

....

....

....

Willensstrategien

Verschiedene Strategien können dazu beitragen, dass Ziele trotz Unlust oder gegen Widerstände umgesetzt werden. Diese Strategien werden als Willensstrategien bezeichnet.

Übung: Welche Willensstrategien verwenden Sie?

Denken Sie bitte an eine konkrete Situation, in der Sie innere Schwierigkeiten hatten. Es kann sich dabei um eine ganz besondere, eher seltene und untypische Situation handeln, oder auch um ein typisches und häufig wiederkehrendes Problem. Beschreiben Sie diese Situation bitte:

....
....
....
....
....
....
....

Wie sind Sie mit dieser Situation umgegangen? Haben Sie bestimmte Strategien oder Techniken verwendet, um das Problem zu meistern? Welche?

....
....
....
....
....
....

Stellen Sie sich nun bitte vor, Sie würden an einem Fernsehquiz teilnehmen. Der Quizmaster hat Ihnen die Situation, die Sie soeben geschildert haben, beschrieben und bittet Sie nun, möglichst viele kreative Vorschläge zu machen, wie jemand mit einer solchen Situation umgehen könnte. Je mehr Vorschläge Sie machen, desto mehr Punkte werden Ihnen gutgeschrieben. Es geht also ausdrücklich nicht darum, nur diejenigen Strategien herauszufiltern, die in der beschriebenen Situation wirklich erfolgreich sein könnten, sondern vielmehr darum, möglichst viele verschiedene Strategien oder Techniken aufzuzählen. Nehmen Sie sich dafür etwa fünf Minuten Zeit.

....

....

....

....

....

....

....

....

....

....

....

....

....

Falls Ihnen hier erst wenige Strategien eingefallen sein sollten, werden Sie weiter unten in diesem Kapitel weitere Strategien kennen lernen. Vielleicht haben Sie hier aber schon eine Vielzahl unterschiedlicher Strategien aufgelistet. Dann kennen Sie offenbar ein breites Spektrum von Willensstrategien. Aber auch hier stellt sich die Frage, ob Sie diese Strategien auch wirklich beherrschen und einsetzen. Die folgende Übung soll darüber Aufschluss geben.

Übung: Testen Sie Ihre Willensstärke

Die nachfolgenden Statements sollen herausfinden, wie stark Ihre Willensstärke in verschiedenen Bereichen ausgeprägt ist. Bitte kreuzen Sie bei jedem Statement an, ob es auf Ihre Situation eher zutrifft oder nicht. Weiter unten finden Sie eine Auswertung, aus der Sie sich ein Bild darüber machen können, wie gut Sie die einzelnen Strategien beherrschen und wo Verbesserungsmöglichkeiten bestehen.
Bitte vergeben Sie für die folgenden Statements Punkte, je nachdem, ob diese Statements für Sie im Allgemeinen zutreffen oder nicht.

- Eine 5 bedeutet: trifft immer oder überwiegend zu
- Eine 4 bedeutet: trifft häufig zu
- Eine 3 bedeutet: trifft manchmal zu; teils/teils
- Eine 2 bedeutet: trifft selten zu
- Eine 1 bedeutet: trifft nie oder kaum einmal zu

Beispiel:

	5	4	3	2	1
Ich setze mir sehr konkrete Ziele.	☐	☑	☐	☐	☐

Wenn Sie hier eine 4 eingetragen haben, so bedeutet dies, dass Sie sich häufig sehr konkrete Ziele setzen.

Bitte beurteilen Sie nun für jedes Statement, inwieweit es auf Ihre Situation zutrifft. Addieren Sie die Punkte für die einzelnen Blöcke allerdings noch nicht.

		5	4	3	2	1
Mo1	Wenn mir etwas schwer fällt, kann ich mich gut durch positive Fantasien motivieren.	☐	☐	☐	☐	☐
Em2	Ich kann Trübsal oder schlechte Stimmung mühelos vertreiben.	☐	☐	☐	☐	☐
Au1	Ich kann mich sehr gut konzentrieren.	☐	☐	☐	☐	☐
Mo2	Ich kann mich durch angenehme Gedanken leicht beflügeln.	☐	☐	☐	☐	☐
Er2	Nervosität kann ich gut abbauen.	☐	☐	☐	☐	☐
En1	Hin- und Hergerissensein zwischen zwei Alternativen ist für mich kein Problem.	☐	☐	☐	☐	☐

		5	4	3	2	1
Au2	Auch bei Störungen bin ich meist voll bei der Sache.	☐	☐	☐	☐	☐
Er1	Wenn nötig kann ich mich leicht beruhigen.	☐	☐	☐	☐	☐
Mo3	Ich male mir oft aus, welche schönen Aspekte die Aufgaben haben, die ich zu erledigen habe.	☐	☐	☐	☐	☐
Em1	Ich kann mich leicht in eine angenehme Stimmung versetzen.	☐	☐	☐	☐	☐
En2	Auch bei schwierigen Entscheidungen kann ich mich meist leicht entscheiden.	☐	☐	☐	☐	☐
Em3	Ich weiß gut, mit meinen Gefühlen umzugehen.	☐	☐	☐	☐	☐
Au3	Ich bin selten zerstreut oder abgelenkt.	☐	☐	☐	☐	☐
Er3	Störende Aufregung ist mir fremd.	☐	☐	☐	☐	☐
En3	Unentschlossenheit und Grübeln sind mir fremd.	☐	☐	☐	☐	☐

Bitte zählen Sie nun die Punkte für die einzelnen Bereiche zusammen.

Summe der Punkte aus Mo1–Mo3	
Summe der Punkte aus Em1–Em3	
Summe der Punkte aus Au1–Au3	
Summe der Punkte aus Er1–Er3	
Summe der Punkte aus En1–En3	
Summe der Punkte insgesamt	

Weiter unten (s. S. 90ff.) werden diese Punktwerte kommentiert.

Die Statements, die Sie in der vorangegangenen Übung angekreuzt haben, beziehen sich auf eine Reihe unterschiedlicher Willensstrategien (in Anlehnung an die Arbeiten von Kuhl, zum Beispiel Kuhl 1983; Kuhl/Fuhrmann 1998). Diese Strategien sollen nun näher vorgestellt werden. Vielleicht wirken die Bezeichnungen der einzelnen Strategien (zum Beispiel »Impulskontrolle«) auf den ersten Blick ein wenig sperrig – es handelt sich hier um Fachtermini, die letztlich aber doch verdeutlichen, was gemeint ist. Außerdem mögen zwischen den einzelnen Strategien bisweilen Überschneidungen bestehen – dennoch besitzt jede Strategie etwas Charakteristisches, das es rechtfertigt, sie gesondert aufzuführen. Vergleichen Sie die nachstehenden Beschreibungen auch mit den für den jeweiligen Bereich formulierten Statements oben.

- **Mo: Motivationskontrolle**
  Gerade in schwierigen Situationen, etwa wenn »Kopf« und »Bauch« auseinander klaffen, ist es von Vorteil, wenn man sich durch angenehme Fantasien motivieren kann. Schaffen Sie es, trotz der Unlust, die Sie momentan vielleicht empfinden, einer Sache etwas Positives abzugewinnen? Können Sie sich dadurch motivieren, dass Sie sich die erwünschten Konsequenzen einer Tätigkeit plastisch ausmalen?

- **Em: Emotionskontrolle**
  Nicht immer kann man seinen Gefühlen freien Lauf lassen. Manche Situationen erfordern es, Gefühle und Emotionen zu kontrollieren oder zu unterdrücken. Außerdem gibt es die verschiedensten Techniken, mit denen man sich in eine angenehme Stimmung versetzen kann. Kennen und beherrschen Sie solche Techniken?

- **Au: Aufmerksamkeitskontrolle**
  Hier geht es darum, wie gut man seine Aufmerksamkeit auf das Wesentliche fokussieren kann. Die Fähigkeit, störende Reize ausblenden zu können, ist vor allem in schwierigen Situationen gefragt, wenn man etwa unmotiviert ist oder lieber etwas anderes machen würde. Wie gut können Sie sich zum Beispiel konzentrieren, wenn die Arbeit einmal langweilig ist oder wenn Sie ein anstrengendes Buch lesen?

- **Er: Erregungskontrolle**
  »Erregungskontrolle« bezeichnet die Fähigkeit, seine Nervosität ablegen zu können und sich selbst beruhigen zu können. Verfügen Sie über Techniken, die Ihnen die Entspannung erleichtern? Können Sie Ihre Aufregung – falls nötig – gezielt abbauen?

- **En: Entscheidungskontrolle**
  Manchen Menschen fällt es besonders schwer, Entscheidungen zu treffen. Gerade bei wichtigen Entscheidungen fühlen sie sich hin- und hergerissen. Manche Techniken können diesen Zu-

stand, der als blockierend empfunden werden kann, vermeiden
oder zumindest verkürzen.

- **Um: Umweltkontrolle**
  Wenn störende Einflüsse der Umwelt die eigene Zielerreichung
  behindern, kann man sich oft dadurch behelfen, dass man eine
  andere Umgebung aufsucht und sich so den störenden Einflüssen entzieht. Oder man greift aktiv in die Umgebung ein, um
  die Störungen abzustellen. Diese beiden Strategien sind mit
  »Umweltkontrolle« gemeint. Ein einfaches Beispiel ist es, das
  Fenster zu schließen, wenn draußen etwas passiert, das ablenkt
  oder stört. Allerdings ist diese Strategie aus dem Willenstest
  ausgeklammert worden und wird auch nicht bei den Übungen
  zur Verbesserung von Willensstärke berücksichtigt. Im Unterschied zu den übrigen Willensstrategien (die nach innen gerichtet sind) richtet sich Umweltkontrolle nämlich nach außen und
  nimmt daher eine Randstellung zwischen reinen Willensstrategien und Problemlösestrategien ein. Daher ist der Aktions-
  bereich von Umweltkontrolle kaum eingrenzbar.

Auswertung des Willenstests von Seite 87f.

An dieser Stelle können wir auf die Auswertung des Willenstests
von S. 87f. zu sprechen kommen. Im Allgemeinen ist es von Vorteil,
ein möglichst breites Spektrum dieser Willensstrategien zu kennen
und über dieses Repertoire möglichst flexibel verfügen zu können.
Das spricht also dafür, möglichst hohe Durchschnittswerte bei
sämtlichen Strategien zu fordern. Dennoch ist es kaum möglich,
verbindliche Richtwerte zu formulieren und vorzugeben, wie stark
die einzelnen Willensstrategien idealerweise ausgeprägt sein sollen.
Dafür sprechen drei Gründe:

- Die Ergebnisse sind stark vom eigenen Antwortverhalten gefärbt
  (zum Beispiel ob man an die Fragen eher optimistisch oder pessimistisch herangeht). Manch einer mag also bei sämtlichen
  Strategien hohe Werte erreichen, hat aber vielleicht dennoch,
  wenn er ehrlich zu sich selbst ist, hier und dort Nachholbedarf.

- Es hängt sehr von der persönlichen Situation ab, wie stark der Bedarf für die eine oder andere Willensstrategie ist. Wer zum Beispiel seine Gefühle besonders deutlich erlebt, sie aber aufgrund starker sozialer Kontrolle nicht »ausleben« kann, wird mehr Bedarf für Emotionskontrolle haben als jemand, bei dem dies nicht der Fall ist. Generell gilt hier: Je mehr Kopf und Bauch auseinander klaffen, desto mehr wird Willensstärke benötigt; es ist also durchaus denkbar, dass man auch mit wenig Willensstärke gut durchs Leben kommt, etwa dann, wenn man nur selten auf innere Widerstände stößt (es gibt Techniken, dies gezielt zu fördern – darauf wird das Kapitel 6 zurückkommen).

- Gerade die Erfahrungen aus den Selbstmanagement-Trainings haben gezeigt, dass manche Menschen ausgeprägte Präferenzen für bestimmte Strategien haben und andere Strategien dagegen vielleicht nicht beherrschen oder nicht verwenden, damit aber bestens klar kommen. Wenn beispielsweise jemand Aufmerksamkeitskontrolle perfekt beherrscht, sich also immer auf das gerade Anstehende konzentrieren kann, dann benötigt diese Person möglicherweise die anderen Strategien nicht. Anders gesagt hat jeder in Bezug auf die vorbenannten Willensstrategien sein persönliches Profil. Das sollte bei der Beurteilung der individuellen Ergebnisse und der sich daran anschließenden Frage, inwieweit Übungsbedarf besteht oder nicht, berücksichtigt werden.

Es werden nun die Punktwerte kommentiert, die Sie bei den einzelnen Strategien erhalten haben.

- **Werte von 11 Punkten und darüber**
  Ideal wäre es, wenn Sie bei jeder Willensstrategie mindestens 13 Punkte erreicht haben. Aber auch 11 Punkte liegen noch im »grünen Bereich«. Wenn Sie nicht allzu optimistisch beim Ankreuzen der Statements waren, dürfte für Sie bei diesen Willensstrategien kein Bedarf für spezielle Übungen bestehen.

- **Werte kleiner als 10**
  Wenn Sie bei einzelnen Willensstrategien weniger als 10 Punkte erreicht haben, sollten Sie sich nochmals mit diesem Bereich beschäftigen und sich fragen, ob Sie hier »Übungsbedarf« verspüren (auf S. 94ff., finden Sie eine Auswahl geeigneter Übungen). Dies sollte aber nicht allein an Punktwerten festgemacht werden, sondern vor allem eine persönliche Entscheidung sein.
  Liegen Ihre Werte für mehr als eine Willensstrategie bei 10 oder darunter, dann empfiehlt es sich, zunächst den Bereich auszuwählen, den Sie für besonders wichtig halten, und hier mit einer entsprechenden Übung zu beginnen.

Nun wird Ihre Gesamtwertung kommentiert.

- **Werte von 60 Punkten und darüber**
  Der Bereich zwischen 60 und 65 ist als ideal anzusehen: Sie verfügen offenbar über ein sehr breites Spektrum an Willensstrategien. Auch wenn sicherlich nicht immer alles perfekt läuft, dürften innere Barrieren für Sie kein wirkliches Problem darstellen. Meist können Sie Ihre volle Kraft in die Problemlösung stecken, die Sie zur Überwindung etwaiger äußerer Barrieren brauchen. Denken Sie aber daran: Ihr weites Repertoire an Willensstrategien sollte Sie nicht dazu verleiten, diese Strategien allzu häufig einzusetzen (dies könnte nämlich auf Überkontrolle schließen lassen, der »Schattenseite« des Willens, auf die das Kapitel 5 zu sprechen kommen wird).
  Höhere Werte als 65 Punkte erklären sich nicht selten aus einer ganz besonders optimistischen Selbsteinschätzung. Wenn das der Fall sein sollte, dann beantworten Sie die Statements noch einmal, indem Sie sich um realistische Antworten bemühen. Ansonsten gilt das zuvor Gesagte aber auch für diese Gruppe.
- **Werte zwischen 53 und 59 Punkten**
  Wenn Sie in diesem Feld liegen, kennen Sie sich im Bereich der Willensstrategien gut aus. Im Wesentlichen gilt das, was für die Gruppe zwischen 60 und 65 Punkten gesagt wurde, auch für Sie. Vielleicht gibt es aber bei Ihnen dennoch eine Strategie, an der Sie »feilen« könnten. Betrachten Sie nochmals Ihre Ergebnisse

im Einzelnen: Gibt es hier einen Bereich, der mehr oder weniger deutlich von den anderen abfällt? Wenn dies der Fall ist, dann könnte weiter unten (S. 94ff.) möglicherweise eine entsprechende Übung für Sie dabei sein.

- **Werte zwischen 46 und 53 Punkten**
  Insgesamt können Sie mit Situationen, in denen innere Barrieren entstehen, durchaus umgehen. Dennoch setzen Sie offenbar die ein oder andere Willensstrategie nur wenig oder gar nicht ein. Liegt das daran, dass Sie mit den anderen Strategien bereits auskommen? Wenn nicht, dann könnte es sich für Sie lohnen, sich genauer mit einzelnen Übungen zu beschäftigen.

- **Werte unterhalb von 45 Punkten**
  Es ist möglich, dass Sie Ihre momentane Situation insgesamt eher pessimistisch beurteilen und dass sich dies in Ihren Antworten niedergeschlagen hat. Das leitet sich aus unseren Trainingserfahrungen ab. In einer solchen Situation entwickeln sich häufig zwei Einstellungen, die gleichermaßen ungünstig sind. Erstens: Alles sieht so düster aus, da lässt sich ja doch nichts ändern. Zweitens: Alles sieht so düster aus, da sollte ich mich am besten gänzlich ändern und möglichst viele Übungen machen. Weder sollte man die Flinte voreilig ins Korn werfen noch sich in blinden Aktionismus stürzen. Fragen Sie sich zunächst, ob vielleicht besondere Erlebnisse der jüngeren Zeit, zum Beispiel berufliche Rückschläge oder private Enttäuschungen, sich auf Ihre Antworten abgefärbt haben könnten. Falls das der Fall ist, füllen Sie den Test ein zweites Mal in einer entspannteren Situation aus und vergleichen Sie die Ergebnisse. Aber auch wenn dies nicht der Fall sein sollte, empfiehlt es sich, wenn Sie sich mit den Übungen auf den Seiten 92ff. beschäftigen, vielleicht *eine* dieser Übungen auszuwählen und damit einmal zu beginnen. Wenn Ihnen das einen erkennbaren Nutzen gebracht hat, können Sie sich ja mit einer weiteren Übung dem nächsten Bereich zuwenden.

Übungen zum Aufbau von Willensstärke

Willensstärke lässt sich trainieren! Im neueren amerikanischen Schrifttum wird der Wille deshalb auch mit einem Muskel verglichen: Man kann seine Willenskraft erschöpfen, aber auch durch Übung aufbauen. Bereits 1932 hat Lindworsky in seiner »Willensschule« verschiedene Übungen vorgeschlagen, die eine Steigerung des Willens erreichen sollten. Seine Probanden hatten zum Beispiel Seifenwasser zu trinken, Insekten zu schlucken oder sich mit rußgeschwärztem Gesicht in der Öffentlichkeit zu zeigen.

Die Übungen, die in diesem und dem nächsten Kapitel (Überkontrolle) zusammengestellt wurden, sind etwas anders aufgebaut. Im Wesentlichen geht es darum, sich mit einem bestimmten Bereich genauer auseinander zu setzen und sich dafür zu »sensibilisieren«. Dazu empfiehlt es sich, zu einem bestimmten Thema eine Art »Tagebuch« über einen gewissen Zeitraum zu führen. Um ein Beispiel aus dem Bereich der Emotionskontrolle zu geben: Niedrige Werte für Emotionskontrolle lassen darauf schließen, dass man mit seinen Emotionen nicht besonders gut umgehen kann. Die Ursache liegt häufig darin, dass man bereits seine eigenen Emotionen (und meist auch die anderer Personen) nicht allzu differenziert wahrnehmen kann. Die entsprechende Übung zur Verbesserung der Emotionskontrolle (s. S. 102) zielt deshalb darauf ab, seine Emotionen über einen gewissen Zeitraum genauer zu beobachten und seine Beobachtungen schriftlich festzuhalten.

Erwarten Sie allerdings nicht zu viel von den Übungen! Auch wenn dies manche Ratgeber und selbst ernannte Gurus predigen mögen und auch wenn deren Verheißungen verlockend klingen: Es gibt keinen »roten Knopf«, den man nur zu drücken braucht, kein Allheilmittel, mit dem sich alles auf einen Schlag ändern ließe. Willensstrategien haben sich im Laufe der Zeit langsam und stetig entwickelt und verfestigt. Es ist unrealistisch (und wohl letztlich auch nicht wünschenswert), dies durch einen Fingerzeig zu ändern.

Versuchen Sie doch einmal, voll konzentriert zu laufen. Geben Sie sich den Befehl, ganz bewusst ein Bein vor das andere zu setzen, die Füße in parallelen Bahnen zu bewegen und vom Ballen her abzurollen etc. Nach wenigen Schritten stolpern die meisten Menschen: Laufen ist ein automatisierter Prozess, in den sich nur mit Mühe korrigierend eingreifen lässt. Ähnlich verhält es sich mit Willensstrategien: Auch hier sollte deshalb nur dann eingegriffen werden, wenn man dies wirklich für wichtig hält. Schließlich sind die Übungen, mit denen sich Willensstärke aufbauen lässt, stets mit Aufwand verbunden, auch in zeitlicher Hinsicht. Vergleichen Sie dies mit einer Diät oder einem Fitnessprogramm: Es hilft wenig, einen einzelnen Tag gesund zu essen oder ein einziges Mal Sport zu treiben. Damit vergleichbar sind Übungen zur Verbesserung von Willensstrategien vor allem dann wirksam, wenn man sie eine Zeit lang regelmäßig praktiziert.

So lässt sich auch in kleinen Schritten manchmal Großes erreichen. Um hier wiederum als Beispiel die Übung zur Emotionskontrolle anzuführen: Viele Trainingsteilnehmer, die diese Übung gemacht haben, berichten, dass sie ihre Emotionen nun genauer wahrnehmen und benennen können, dass sich dadurch auch die Fähigkeit verbessert hat, mit Emotionen umzugehen (das zeigen im Übrigen auch unsere Untersuchungen zur Überprüfung der Wirksamkeit des Selbstmanagement-Trainings; vgl. Priemuth u.a. 2000).

Bevor Sie sich mit den nachfolgend beschriebenen Übungen auseinander setzen, empfiehlt es sich, die Seiten 77 bis 86 gelesen und den Willenstest auch wirklich ausgefüllt zu haben. Dies hilft zu erkennen, in welchen Bereichen möglicherweise Übungsbedarf besteht. Wie bereits gesagt, sollten Sie diese Frage allerdings insgesamt weniger von den Auswertungsresultaten abhängig machen, sondern eher davon, ob Sie persönlich meinen, dass sich eine verstärkte Auseinandersetzung mit einem bestimmten Bereich wirklich auszahlt. Dem eiligen Leser sei empfohlen, sich aus den folgenden Übungsvorschlägen nur mit denjenigen zu beschäftigen, die ihm interessant erscheinen, und die anderen zu überlesen.

Motivationskontrolle

Fantasien können Motive anregen. Dies ist das Charakteristikum von Motivationskontrolle: Es wird Motivation erzeugt, die nicht von vornherein da ist, indem durch willkürliche Fantasietätigkeit bestimmte Motive angeregt werden. Denken Sie nochmals an die Unterscheidung von Furcht- und Hoffnungsmotiven (vgl. Kapitel 3, S. 59ff.). Durch positive Fantasien kommuniziert man mit seinen Hoffnungsmotiven – es sind die »weißen Tasten« auf der Motivationsklaviatur. Durch negative Fantasien wiederum werden die Furchtmotive angeregt. Auch dies kann eine Motivationssteigerung bewirken – denken Sie daran, wie sich vor wichtigen Prüfungen bisweilen schier Unmenschliches leisten lässt. Deshalb sind auch negative Fantasien nicht grundsätzlich von Nachteil – es sind die »schwarzen Tasten« der Klaviatur. Aber sie bewirken letztlich eben eine Furchtmotivation, die nicht als angenehm empfunden wird. In diesem Zusammenhang sei daran erinnert: Ob man ein zur Hälfte gefülltes Glas als halb voll oder als halb leer betrachtet, verändert den Flüssigkeitsstand im Glas nicht. Es hat aber durchaus Einfluss darauf, wie man sich dabei fühlt!

Positive Fantasien sind also meist von Vorteil, wenn man an das eigene Gefühlsleben und die eigene Befindlichkeiten denkt. Dennoch: Ich bin kein Anhänger eines unreflektierten und bedingungslosen positiven Denkens! Zum einen zeigt die Forschung, dass positive Fantasien im Extrem auch Nachteile haben können, nämlich dann, wenn man in seinen Fantasien schwelgt und dabei vergisst, was alles zu tun ist, um seine Fantasien zu verwirklichen (Oettingen 1997). Deshalb sollte man nach Möglichkeit nicht nur das »Licht am Ende des Tunnels« sehen, sondern sich auch schon ausmalen, wie man dorthin gelangen wird und welche positiven Aspekte der Weg dorthin bringen mag (vgl. Pham/Taylor 1999).

Darüber hinaus haftet positiven Fantasien entgegen der durch Positive-Denker gelegentlich verbreiteten Meinung nichts Übernatürliches an: Nicht alles, was wir uns positiv ausmalen, gelingt deshalb auch automatisch. Dem steht nicht entgegen, dass Visualisierungstechniken zum Beispiel im Sport erfolgreich eingesetzt werden (diese bezwecken allerdings keine Wunder, sondern sie erleichtern es, durch Automatisierung etwa schwierige Handlungsparcours ohne bewusstes Nachdenken bewältigen zu können).

Übung: Entwicklung positiver Fantasien

Diese Technik können Sie anwenden, wenn Sie sich motivieren wollen, um eine Absicht oder Aufgabe umzusetzen, was Ihnen jedoch schwer fällt oder unangenehm ist. Sie ist vor allem auch für jene Personen geeignet, die dazu neigen, vorwiegend negative Fantasien zu entwickeln, zum Beispiel Versagensängste (vgl. S. 136).

Konzentrieren Sie sich zunächst auf die Sache, die Ihnen wichtig ist. Schließen Sie dabei ruhig die Augen, wenn es Ihnen angenehm ist. Malen Sie sich nun aus, Sie hätten diese Sache bereits erledigt. Stellen Sie sich vor, wie angenehm das für Sie wäre. Wie werden Sie sich danach fühlen? Wie werden die anderen darauf reagieren? Lassen Sie die positiven Fantasien, die bei dieser Übung entstehen, auf sich wirken. Vergessen Sie darüber aber nicht, was alles für das Erreichen dieses Zieles zu tun ist. Das ist wohl mit dem Sprichwort gemeint, wonach die Götter Schweiß vor den Erfolg gesetzt haben.

Wiederholen Sie diese Übung immer dann, wenn Sie einen Motivationsschub brauchen, oder wenn Sie sich dabei ertappt haben, vorwiegend negative Fantasien zu entwickeln. Die Übung zur Entwicklung positiver Fantasien lässt sich gut mit der Übung in Kapitel 6 kombinieren, bei der es darum geht, den Weg zu visualisieren, der zu dem erstrebten Ziel führt.

Emotionskontrolle

Emotionskontrolle bezeichnet die Fähigkeit, unerwünschte Emotionen abbauen und erwünschte Emotionen aufbauen zu können. Damit ist der Wirkungsbereich von Emotionskontrolle weiter als der von Motivationskontrolle: Nicht bestimmte Motive sollen angeregt werden, sondern allgemein ein Gefühlszustand erreicht werden, der es erleichtert, seine Handlungsabsichten zu realisieren.

Im Konzept der »Emotionalen Intelligenz«, welches auf Salovey und Mayer (1990) zurückgeht und später von Goleman (1997) popularisiert wurde, wird vermutet, dass wirksame Emotionskontrolle auf der Fähigkeit basiert, seine eigenen Emotionen differenziert wahrzunehmen und zu benennen. Dies wiederum stellt eine Vorbedingung für Empathie dar, der Fähigkeit, auch die Gefühlslagen anderer Menschen einschätzen und darauf adäquat eingehen zu können. Letztlich wirkt sich dies wiederum förderlich auf die soziale Kompetenz aus, der Fähigkeit, mit anderen Menschen einen für alle Beteiligten förderlichen Kontakt herzustellen und zu festigen.

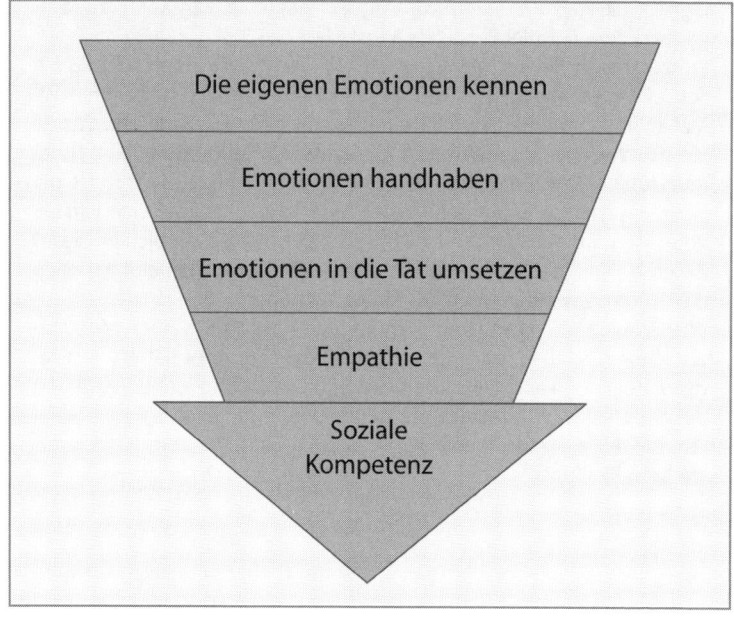

Abb. 15: Fünf Stufen der Emotionalen Intelligenz

Im folgenden Text finden Sie zur Verbesserung von Emotionskontrolle:

- eine Übung zur Steigerung positiver Emotionen,
- eine Übersicht über Strategien zum Umgang mit unerwünschten Emotionen,
- eine Tagebuchübung zum verbesserten Erkennen der eigenen Emotionen.

Übung zur Steigerung positiver Emotionen

Menschen unterscheiden sich beträchtlich dahingehend, was bei ihnen eine angenehme Stimmung auslöst. Beispiele sind: Musik hören, Singen, Spazieren, Sport, Essen, Tanzen, Rückenkraulen, Sex. Im Selbstmanagement-Training bitten wir die Teilnehmer, sich untereinander darüber auszutauschen und gegenseitig Tipps zu geben. Oft entdeckt man dabei, dass man diverse Möglichkeiten, die scheinbar auf der Hand liegen, bisher gänzlich übersehen hat.

Meine persönliche Empfehlung in diesem Zusammenhang ist es zu singen. Erstaunlicherweise stellt sich der gewünschte Effekt unabhängig davon ein, ob man ein trauriges oder ein lustiges Lied anstimmt. Auch wenn man kein großer Sänger ist und über seine Versuche schmunzeln muss: Es erfüllt seinen Zweck. Versuchen Sie es doch einmal! Wenn Sie gerade ungestört sind, singen Sie doch einmal ein Lied. Wenn nicht, dann nehmen Sie es sich fest vor und singen noch am gleichen Tag!

Bitte überlegen Sie sich, welche Dinge oder Tätigkeiten ganz konkret für Sie besonders angenehm sind. Schreiben Sie einige solcher Dinge oder Tätigkeiten auf:

....

....

....

....

....

Überlegen Sie sich nun, welche Gedanken Ihnen Freude bereiten oder sehr angenehm sind. Schreiben Sie sich solche Themen auf:

....

....

....

....

....

....

Bitte überlegen Sie sich, in welchen Situationen Sie es gut gebrauchen könnten, Ihre Stimmung aufzuheitern. Schreiben Sie typische Situationen auf:

....

....

....

....

....

....

....

Überlegen Sie sich, ob es in einigen dieser Situationen möglich wäre, die angenehmen Dinge zu tun oder wenigstens sich durch angenehme Gedanken aufzuheitern. In welchen Situationen könnte das gelingen? Bitte notieren Sie sich Ihre Ideen:

....

....

....

....

....

....

....

Versuchen Sie, Ihre Einfälle in die Realität umzusetzen. Wählen Sie dazu eine geeignete Testsituation, bei der es nicht so schlimm ist, wenn es nicht gleich beim ersten Mal klappen sollte. Meine Testsituation:

....

....

....

....

Übersicht über Strategien zum Umgang mit unerwünschten Emotionen

Es liegt nahe und ist wohl nur allzu menschlich, Emotionen, die uns im Wege stehen oder uns belasten, unterdrücken zu wollen. Gerade deshalb ist der Hinweis nötig, dass auch »unerwünschte« Emotionen funktional sein können. Hier bestehen Parallelen zu physischem Schmerz: Wenn Schmerz nicht einen Sinn hätte (weil er zum Beispiel anzeigt, dass eine körperliche Funktion behindert wird), wäre die Fähigkeit, Schmerzen zu empfinden, wohl längst Opfer der Evolution geworden. Ähnlich ist es bei den Emotionen. So unterstreichen Trauergefühle, dass schmerzhafte Erfahrungen erst verarbeitet werden sollten, bevor man zum »Business as usual« zurückkehrt. Furchtgefühle wiederum können als Warnsignale verstanden werden, die auf mögliche Risiken aufmerksam machen und eine verbesserte Risikovorsorge nahe legen (die Übung in Kapitel 7 wird sich diesen Effekt zu Nutze machen).

Weil es trotzdem immer wieder Situationen gibt, in denen Emotionen wie Furcht, Wut oder Trauer eher dysfunktional sind (auch hier hält die Analogie zum physischen Schmerz), finden Sie nachstehend eine knappe Übersicht über Strategien und Techniken, um solche Emotionen abzumildern (vgl. Goleman 1997).

Umgang mit Ärger, Zorn, Wut

- Entladung (Katharsis) funktioniert im Regelfall nicht. Sie kann zudem mit ärgerlichen Gegenreaktionen beantwortet werden (soziale Aufschaukelung).
- Nicht über die Ursachen des Ärgers nachdenken (Aufschaukelung).
- Bei mäßigem Ärger: Ärgerliche Gedanken diskutieren. Sich durch abschwächende Informationen den Wind aus den Segeln nehmen (Zum Beispiel konnte der andere ja nicht wissen, wie sehr sein Verhalten mich stört etc.).
- Bei starkem Ärger: Atemübungen (s. S. 106); Muskelentspannung (s. S. 107f.). Umgebung suchen, wo der Ärger nicht weiter angefacht wird; Zerstreuung (Spaziergang, Kino, Lesen).
- Präventiv: Zynische Gedanken registrieren und aufschreiben.

Umgang mit Furcht, Angst, Sorge

- Beunruhigende Episoden möglichst früh erkennen (unter Umständen aufschreiben).
- Beunruhigende Gedanken diskutieren.
- Bei starker Angst: Entspannungsübung (s. S.107f.) durchführen.
- Bei Grübeln: Entspannungsübung, Gedankenstopp einbauen.

Umgang mit Trauer und Melancholie

- Leichte Formen von Trauer und Melancholie können durchaus sinnvoll sein (innere Einkehr, Selbstbesinnung).
- Einfach für sich bleiben birgt die Gefahr, dass zusätzlich das Gefühl der Isolation entsteht.
- Grübeln vermeiden (Entspannungsübung, Gedankenstopp).
- Deprimierende Gedanken aufschreiben und diskutieren.
- Genüsse, Sinnesfreuden suchen (gutes Essen, Musik hören, Sex).
- Vorsicht: kein übermäßiger Alkoholkonsum oder Drogenmissbrauch.
- Soziale Ablenkung suchen (Sport, Unterhaltung mit anderen).
- Langfristige Möglichkeit: Selbstwertsteigerung durch gemeinnützige Tätigkeiten.

Übung zum Erkennen eigener Emotionen

Diese Tagebuchübung ist geeignet, um sich nachhaltiger mit seinen eigenen Emotionen auseinander zu setzen. Stellen Sie sich bitte vier Wochen lang jeden Abend die unten stehenden Fragen. Nehmen Sie sich dazu 15 bis 20 Minuten Zeit und notieren Sie die Antworten in einem Tagebuch (s. den Tipp zum Umgang mit Tagebuchübungen auf S. 103f.).

- In welchen Situationen habe ich heute deutliche Emotionen gespürt?
- Was waren das für Emotionen? Benennen Sie diese Emotionen möglichst genau (vgl. die Emotionsbegriffe auf S. 103).
- Woran lag es, dass diese Emotionen gekommen sind?
- Habe ich den Emotionen entsprechend gehandelt, haben sie mein Verhalten beeinflusst?
- Habe ich die Emotionen unterdrückt?
- Bin ich zufrieden mit diesem Verlauf?

Um die erlebten Emotionen zuordnen zu können und besser zu verstehen, ist es wichtig, diese zu benennen. Falls Ihnen dazu manchmal die Begriffe fehlen, finden Sie zur Anregung nun einen Überblick (vgl. Goleman 1997).

Überblick über verschiedene Emotionsfamilien und -begriffe
- **Zorn:** Wut, Empörung, Groll, Aufgebrachtheit, Entrüstung, Verärgerung, Verbitterung, Reizbarkeit, Feindseligkeit, Extremfall: Hass.
- **Trauer:** Leid, Kummer, Freudlosigkeit, Trübsal, Melancholie, Selbstmitleid, Einsamkeit, Niedergeschlagenheit, Verzweiflung, pathologisch: Depression.
- **Furcht:** Angst, Nervosität, Besorgnis, Bestürzung, Zaghaftigkeit, Bedenklichkeit, Grauen, Entsetzen, Schrecken, pathologisch: Phobie und Panik.
- **Freude:** Glück, Vergnügen, Behagen, Zufriedenheit, Seligkeit, Entzücken, Erheiterung, Fröhlichkeit, Stolz, Erregung, Verzückung, Euphorie, Ekstase, Spaß, Rausch, Extremfall: Manie.
- **Liebe:** Akzeptanz, Freundlichkeit, Vertrauen, Güte, Vernarrtheit, Kinder-, Nächsten- und Gottesliebe.
- **Überraschung:** Schock, Erstaunen, Verblüffung, Verwunderung, pathologisch: Trauma.
- **Ekel:** Verschmähung, Widerwille, Abneigung, Aversion, Überdruss.
- **Scham:** Schuld, Verlegenheit, Kränkung, Reue, Demütigung, Bedauern, Zerknirschung, Peinlichkeit.

Tipp zum Umgang mit Tagebuchübungen

Tagebuchübungen sollten Sie nur dann beginnen, wenn das Thema Ihnen so bedeutsam erscheint, dass Sie bereit sind, mindestens vier Wochen lang einmal täglich (am besten am frühen Abend) etwa eine Viertelstunde zu investieren. Ziehen Sie sich zurück und stellen Sie sich der Reihe nach die entsprechenden Fragen, auf denen die Übung basiert. Lassen Sie es dabei nicht bewenden, sondern schreiben Sie die Antworten auf (ein altes Vokabelheft genügt).

Wenn Sie sich zum Beispiel die Übung zum Erkennen eigener Emotionen vorgenommen haben, werden Sie sehen: Die ersten vier, fünf Tage tut sich erst einmal gar nichts! Dann, vielleicht irgendwann am Ende der ersten Woche, wird zum ersten Mal der Moment kommen, an dem Sie sich beim spontanen Empfinden einer Emotion unwillkürlich fragen: Was ist das nun genau für ein Gefühl? Welchen Namen soll ich dem Kind geben? Und was soll ich heute Abend in mein Heft schreiben: Habe ich diese Emotion unterdrückt oder habe ich mich von ihr beeinflussen lassen? In diesem Moment haben Sie den ersten Übungseffekt erreicht: Sie haben Ihre Emotionen ein wenig genauer als bisher wahrgenommen und ihre Entscheidungsfreiheit, mit dieser Emotion umzugehen, eine Spur weit vergrößert. Nach Ablauf der vier Wochen sollten Sie die Tagebuchübungen allerdings wieder einstellen: Es macht auf Dauer keinen Spaß, »neben sich« zu stehen und sich, seine Handlungen und Gefühle zu beobachten!

Aufmerksamkeitskontrolle

Am leichtesten fällt die Konzentration erfahrungsgemäß dann, wenn wir etwas gerne tun, also wenn wir intrinsisch motiviert sind. Kapitel 6 hält eine Übung bereit, die eine Steigerung der intrinsischen Motivation bezweckt. Aber auch die Fähigkeit, sich auf Dinge zu konzentrieren, die schwierig sind und keinen Spaß machen, lässt sich durch Übung verbessern. Zu diesem Zweck eignen sich Meditationsübungen.

Meditation ist in vielen Kulturen der Welt fest verankert. Sie dient unter anderem dazu, die Gedanken zu konzentrieren und seine Aufmerksamkeit für bestimmte Dinge zu schärfen. Das können religiöse Inhalte sein, müssen es aber nicht. Natürlich gibt es eine extreme Vielfalt möglicher Zugänge zur Meditation. Hier werden zwei leichte Übungen für Einsteiger beschrieben.

Übungen

Meditation I: Der Baum

Suchen Sie sich einen ruhigen Raum. Legen Sie beengende Kleidungs-
stücke ab. Setzen Sie sich im Schneidersitz hin (oder im Yogasitz) oder
legen Sie sich auf den Rücken (hier ist allerdings das Risiko größer, ein-
zuschlafen). Sie können sich auch auf einen Stuhl setzen und den Kut-
schersitz einnehmen (Füße schulterbreit und parallel zueinander stellen, Arme bequem in den Schoß oder auf die Armlehnen legen).
Schließen Sie bei der Meditation nach Möglichkeit die Augen, wenn
Ihnen das nicht unangenehm ist.
Stellen Sie sich nun einen schönen, groß gewachsenen Baum vor.
Schauen Sie sich seinen dicken und knorrigen Stamm genau an. Folgen Sie dem Stamm langsam in Gedanken nach oben. Betrachten Sie
alles genau, lassen Sie sich kein Detail entgehen. Folgen Sie den dicken Ästen, von denen sich dünnere Äste abzweigen. Schauen Sie sich
alles an, bis zu den Astspitzen und den grünen Blättern, die an den Ästen wachsen. Betrachten Sie in Ruhe die feinen Adern auf den Blättern.
Lassen Sie dann Ihre Aufmerksamkeit wieder von den Blättern und Ästen oben langsam über den Stamm hinunter und zurück bis auf den
Boden wandern, in dem der Baum verwurzelt ist.
Sie können diese Übung auch mit anderen organischen Objekten
durchführen, zum Beispiel mit einem Ährenfeld, einer Blume etc.

Meditation II: Abstraktionen

Die zweite Meditationsübung, die Sie zu einer anderen Zeit als die erste durchführen sollten, arbeitet mit der Visualisierung eines abstrakten
Objektes. Die Rahmenbedingungen sollten wie bei der ersten Meditationsübung sein.
Stellen Sie sich nun einen weißen Kreis vor, in dessen Mitte sich ein
weißer Punkt befindet. Sie werden sehen, der Punkt neigt dazu, aus
der Kreismitte auszuwandern. Versuchen Sie, den Punkt über einen
längeren Zeitraum ruhig im Zentrum des Kreises zu halten.
Wenn Ihnen das gelingt, stellen Sie sich einen dreidimensionalen weißen Stab (Zylinder) vor. Lassen Sie diesen Stab in allen Dimensionen
rotieren, ohne dabei abzuschweifen und an etwas anderes zu denken.
Diese Übung lässt sich auch mit anderen abstrakten Objekten durchführen, zum Beispiel rotierende Würfel, Spiralen oder einer Doppel-
helix.

Erregungskontrolle

Es gibt diverse Techniken, welche die Fähigkeit verbessern, seine Aufregung zu kontrollieren, sich zu beruhigen oder zu entspannen, zum Beispiel autogenes Training, Atemtechniken, Übungen zur Muskelentspannung. Im Folgenden wird eine einfache Atemübung sowie eine Übung zur Muskelentspannung näher beschrieben.

Atemübung

Diese einfache Atemübung bezweckt, Erregung abzubauen und sich von störenden Gedanken zu befreien. Sie kann auch helfen, sich auf etwas zu konzentrieren. Es empfiehlt sich die gleiche Vorbereitung wie bei der Meditationsübung auf S. 105.
Schließen Sie bei der Übung nach Möglichkeit die Augen. Atmen Sie durch die Nase, wenn diese frei ist. Nehmen Sie ruhige, tiefe Atemzüge, aber so, dass Ihnen angenehm dabei ist. Spannen Sie beim Einatmen die Muskeln rund um den Bauchnabel herum leicht an. Lassen sie die Muskeln beim Ausatmen wieder ganz locker. Konzentrieren Sie sich bei dieser Übung ganz auf Ihren Atem. Folgen Sie dem Atem, wie er einströmt in Ihren Körper und sich dort verwirbelt, und wie er danach wieder ausströmt.
Halten Sie nach etwa zehn Minuten inne. War Ihnen die Atemübung so angenehm? Wenn Sie sich ein wenig unwohl oder schwindelig fühlen, versuchen Sie das nächste Mal, etwas weniger tief einzuatmen, und verzichten Sie vielleicht auf die leichte Anspannung der Bauchmuskeln beim Einatmen. Atmen Sie dann einfach ganz gemächlich ein und aus und konzentrieren sich dabei vollständig auf Ihren Atem.

Muskelentspannung

Seit Jacobson (1938) diese Übung zur Muskelentspannung (genau: zur progressiven Muskelrelaxation) in die westliche Psychologie eingeführt hat, haben Entspannungsübungen eine weite Verbreitung gefunden. Man spricht inzwischen auch vom »Aspirin der Psychotherapie« (Kanfer u.a. 1996). Die hier verwendete Anweisung zur Muskelentspannung wurde an Hofmann (1997) angelehnt.

Übung zur Muskelentspannung

Phase 1: Vorbereitung
- Suchen Sie sich einen ruhigen Raum. Soweit möglich, dunkeln Sie ihn ab. Unterbinden Sie Störungen.
- Setzen oder legen Sie sich so entspannt wie möglich hin.
- Beengende Kleidung legen Sie ab, etwa Schuhe, Gürtel, Brille, Uhr.
- Konzentrieren Sie sich nun ganz auf sich selbst. Anderen Gedanken und Problemen sind während der Übung nicht von Bedeutung.
- Führen Sie alle Übungen ruhig, nicht ruckartig aus. Die jeweilige Anspannungsphase sollte zirka fünf bis sieben Sekunden betragen. Spannen Sie die entsprechenden Muskeln an, so fest Sie können, jedoch ohne Verkrampfung und ohne Schmerz. Dies ist nach persönlicher Veranlagung und allgemeinem körperlichen Zustand individuell verschieden. Die Entspannungsphase sollte etwa 30 Sekunden dauern. Beobachten Sie dabei den Unterschied zur Anspannungsphase. Auftretende Deformationsgefühle sind völlig ungefährlich und treten bei regelmäßiger Übung immer seltener auf.
- Wenn Sie möchten, können Sie jede Anspannung jeweils einmal wiederholen.

Phase 2: Übung
- Schließen Sie bitte die Augen. Ballen Sie als Erstes die Fäuste (etwa fünf Sekunden) und beobachten Sie dabei das Gefühl der Anspannung. Fühlen Sie die Spannung in den Fingern, den Fäusten und den Unterarmen. – Entspannen Sie die Hände, lockern Sie Ihre Finger, aber versuchen Sie nicht, die Finger aktiv zu strecken.
- Spannen Sie die Bizepsmuskeln an, indem Sie die Arme beugen. Dabei sollten die Unterarmmuskeln möglichst entspannt bleiben. – Lassen Sie dann wieder ganz locker und lassen Sie die Arme bequem ruhen. Achten Sie auf die im Vergleich zur Anspannung unterschiedlichen Empfindungen in den Oberarmmuskeln.
- Spannen Sie nun die Trizepsmuskeln an, indem Sie die Arme strecken. Wenn Sie auf dem Boden liegen, drücken Sie die Arme fest gegen die Unterlage, sodass Sie die Spannung in den Muskeln an der Rückseite der Oberarme spüren.
- Entspannen Sie wieder, konzentrieren Sie sich auf Ihre gelockerten Arme. Legen Sie die Arme bequem hin und entspannen weiter und weiter. Selbst wenn Sie glauben, Ihre Arme seien völlig entspannt, versuchen Sie noch ein Stück tiefer zu gehen … Lassen Sie alle Muskeln locker und schwer werden …

- Ziehen Sie die Schultern hoch in Richtung Ihrer Ohrläppchen und halten Sie die Spannung. – Lassen Sie dann die Schultern sinken. Spüren Sie der Entspannung nach bis in die Rückenmuskulatur. Gesicht, Nacken und Hals sind jetzt völlig frei.
- Beißen Sie die Zähne aufeinander, kneifen die Augen zusammen und spannen Sie die Gesichtsmuskeln an, indem Sie eine Grimasse ziehen. – Lassen Sie dann das Gesicht ganz los … Stirn und Kopfhaut werden wieder angenehm glatt.
- Spannen Sie die Bauchmuskulatur an, lassen Sie sie ganz hart werden und beobachten Sie die Spannung. – Lockern Sie die Bauchmuskeln wieder. Beobachten Sie den Unterschied.
- Konzentrieren Sie sich nun auf den unteren Teil Ihres Rückens. Spannen Sie die Rückenmuskulatur an, indem Sie die Schulterblätter nach hinten zur Wirbelsäule hin zusammenziehen. – Lösen Sie die Spannung dann wieder völlig …
- Kneifen Sie die Gesäßbacken zusammen und spannen Sie die Oberschenkel an. – Entspannen Sie wieder.
- Drücken Sie Ihre Füße und Zehen nach unten (vom Gesicht weg), sodass Spannung in den Wadenmuskeln spürbar ist. – Lassen Sie dann die Wadenmuskeln ganz locker und das Gesäß ruhen …
- Ziehen Sie Ihre Zehen und Füße in Richtung auf Ihr Gesicht, sodass Sie die Spannung in Ihrem Schienbein verspüren. – Nun entspannen Sie wieder, entspannen Sie weiter und weiter. Die Füße, die Waden und Schienbeine, die Knie, die Oberschenkel, das Gesäß und die Hüften. Spüren Sie die Schwere des Unterkörpers.
- Die Entspannung dehnt sich weiter auf den ganzen Körper aus. Sie spüren Sie im Bauch, in der Brust, im Rücken, im Nacken und im Gesicht. Auch die Arme sind jetzt entspannt bis in die Fingerspitzen. Ihr gesamter Körper ist völlig entspannt.
- Atmen Sie ruhig ein und aus, verfolgen Sie für eine Weile Ihre Atemzüge.
- Sie sind jetzt ruhig, gelöst und völlig entspannt.
- Ihr gesamter Körper ist schwer und warm.
- Ihre Atmung und Ihr Herzschlag sind ruhig und gleichmäßig.
- Sie fühlen sich wohl.
- Zur Beendigung der Übung zählen Sie rückwärts von 5 nach 1.

Phase 3: Zurücknehmen der Entspannung
- Beginnen Sie sich bitte sanft zu räkeln und zu strecken, die Arme und Hände, die Beine und Füße. Nachdem Sie die Augen geöffnet haben, fühlen Sie sich erholt und frisch.

Entscheidungskontrolle

Wer kennt das nicht? Man hat eine wichtige Entscheidung zu treffen, setzt sich vielleicht schon einen Termin, wann die Entscheidung getroffen sein soll, und überlegt sich dann, welche Alternativen man hat. Spätestens wenn man damit anfängt, Informationen zur Bewertung dieser Alternativen zu sammeln, beginnt das Hin- und Hergerissensein: Manches spricht klar für die eine, anderes wieder deutlich für die andere Alternative. Also sammelt man weitere Informationen, die das unsichere Gefühl und das Schwanken aber eher noch verstärken. Der Termin naht – und wird erst einmal verschoben: Noch wäre die Entscheidung verfrüht, es fehlen noch wichtige Informationen, man ist sich noch zu unsicher. Dann, wenn sie sich nicht mehr weiter aufschieben lässt, trifft man schweren Herzens eine Entscheidung, aber das Gefühl der Unsicherheit bleibt: War die Entscheidung richtig? Ist wirklich alles bedacht worden?

Motivationspsychologisch ist der beschriebene Ablauf nur allzu verständlich: Hier melden sich die Furchtmotive zu Wort! Eine wichtige Entscheidung hat bedeutsame Konsequenzen. Dies verlangt es, nichts falsch zu machen und wirklich alle relevanten Aspekte zu bedenken. Sonst wäre zu befürchten, unbeabsichtigte Nebenfolgen einer Entscheidung zu übersehen oder in anderer Hinsicht eine suboptimale Entscheidung zu treffen.

Furchtmotive machen auf diese Risiken aufmerksam und verhindern eine verfrühte Festlegung. Das ist also durchaus funktional. Andererseits kann die Folge der solchermaßen aktivierten Furchtmotive, das Hin- und Hergerissensein, belastend wirken und lähmen.

Die nachfolgend beschriebene Übung zur verbesserten Entscheidungsfindung versucht, die funktionale Wirkung von Furchtmotiven zu nutzen und zugleich das lähmende Hin- und Hergerissensein zu vermeiden. Sie ist vor allem für schwierige und konsequenzenreiche Entscheidungen geeignet, bei denen man ansonsten leicht ins Grübeln kommen könnte.

Übung zur verbesserten Entscheidungsfindung

Sie benötigen ein leeres Blatt und einen Stift. Zur Vorbereitung empfiehlt sich eine Atemübung (vgl. S. 106) oder eine Entspannungsübung (vgl. S. 107f.). Zwei Phasen sind zu trennen: die Suche nach Informationen (Phase 1) und die Bewertung dieser Informationen (Phase 2).

Konzentrieren Sie sich nun auf die Entscheidung, die Sie zu treffen haben. Überlegen Sie sich, welche Informationen Sie für Ihre Entscheidung benötigen, was alles zur Beurteilung der Alternativen in Erfahrung zu bringen ist und wo Sie diese Informationen erhalten können (zum Beispiel Internet, Prospekte, Fachliteratur). Wer könnte Sie bei der Informationssuche vielleicht beraten?

In diesem Moment laufen Ihre Furchtmotive zur Höchstform auf, da sie ein offenes Ohr für ihre Warnbotschaften erhalten: Was ist alles nötig, um diese wichtige und vielleicht riskante Entscheidung abzusichern? Schreiben Sie alle Ideen auf ein Blatt Papier. Wenn Sie fertig sind, prüfen Sie, ob Sie nichts vergessen haben. Fragen Sie sich dann, wie lange Sie brauchen werden, um Ihr »Pflichtenheft« abzuarbeiten und alle Informationen zu beschaffen. Setzen Sie sich einen realistischen Termin: die Deadline I.

Fragen Sie sich dann, wie lange Sie wohl brauchen werden, um die Informationen, sobald diese vorliegen werden, zu bewerten. Setzen Sie sich einen zweiten realistischen Termin: die Deadline II.

Nun beginnt die **Phase 1**. Arbeiten Sie Ihr Pflichtenheft ab und holen Sie die erforderlichen Informationen ein. Versuchen Sie, diese Informationen nicht vorab zu bewerten. Auf diese Weise entfällt das frühzeitige Hin- und Hergerissensein. Sobald die Deadline I naht, ziehen Sie Resümee: Liegen die benötigten Informationen vor? Vielleicht fehlt noch das ein oder andere. Aber: Ein vollständiger Informationsstand ist wohl nur eine Utopie. Die Deadline I sollte nur verschoben werden, wenn es unvermeidbar ist (die Deadline II dann entsprechend!).

Jetzt beginnt die **Phase 2**. Diese Phase sollte ausschließlich der Bewertung der vorhandenen Informationen dienen. Legen Sie alles nebeneinander und vergleichen Sie Ihre Alternativen. Vielleicht lassen Sie sich bei der Bewertung durch Experten unterstützen. Neue Informationen sollten in der Phase 2 nur noch dann gesucht werden, wenn sich wichtige Rahmendaten geändert haben.

Wenn Sie so vorgehen, wird es Ihnen wahrscheinlich deutlich leichter fallen, die Entscheidung zur Deadline II endgültig zu fällen. Obwohl eine gewisse Restunsicherheit bleiben mag, werden Sie sich mit dieser Entscheidung deutlich besser fühlen.

Zusammenfassung

Wille ist ein Sammelbegriff für verschiedene Strategien, mit denen sich innere Handlungsbarrieren überwinden lassen. Ursache dafür ist häufig ein Auseinanderklaffen von Kopf und Bauch, also von Zielen und Motiven, oder das Auftreten von Ängsten. Bei derartigen Konflikten ist der Wille Parteigänger der Ziele, die trotz fehlender Motivation oder gegen die gerade angeregte Motivation durchgesetzt werden sollen.

Der Fähigkeit, innere Barrieren zu überwinden, kommt eine hohe kulturelle Bedeutung zu. Dies spiegelt sich auch in der Verbreitung von Initiationsriten wider, die häufig eine Erprobung von Willensstärke erfordern. Manche Wissenschaftler halten die Fähigkeit, mittels Willensstrategien auch gegen die gerade anstehenden Bedürfnisse zu handeln, für ein wichtiges Unterscheidungsmerkmal, durch das sich der Mensch vom Tier hervorhebt.

Willensstärke ist trainierbar. Die folgende Tabelle gibt einen Überblick über die wichtigsten Willensstrategien mit Verweisen auf entsprechende Übungsmöglichkeiten in diesem Band.

Willensstrategien und Übungsmöglichkeiten		
Strategie	**Charakteristik**	**Übungsmöglichkeiten**
Motivations-kontrolle	Anregung zielförder-licher Motive durch Fantasietätigkeit	Übung: Entwicklung positiver Fantasien (S. 97)
Emotions-kontrolle	Unterdrückung störender und Stärkung zielförder-licher Emotionen	Übung zur Steigerung positiver Emotionen (S. 99f.) Übersicht über Strategien zum Umgang mit unerwünschten Emotionen (S. 101f.) Übung zum Erkennen eigener Emotionen (S. 102)
Aufmerksam-keitskontrolle	Fokussierung der Aufmerksamkeit auf die Zielverfolgung	Meditationsübungen (S. 105)
Erregungs-kontrolle	Erregungsabbau	Atemübung (S. 106) Muskelentspannung (S. 107f.)
Entscheidungs-kontrolle	Vermeidung von Unentschlossenheit	Übung zur verbesserten Entscheidungsfindung (S. 110)

Kapitel 5:
Überkontrolle erkennen und abbauen

Vielleicht ist bei der Lektüre des vorstehenden Kapitels der Eindruck entstanden, als wäre Wille das Nonplusultra, als müsste man nur über ausgefeilte Willensstrategien verfügen, um ein Erfolgsrezept zu besitzen, mit dem sich sämtliche schwierigen Lebenssituationen meistern ließen. Um diesem Eindruck entgegenzutreten, wird sich dieses Kapitel mit Überkontrolle beschäftigen, der Schattenseite des Willens.

Manche Menschen sind in besonderem Maße dazu befähigt, ihre Ziele auch dann noch wirksam zu verfolgen, wenn sich innere oder äußere Widerstände ergeben haben. Im Extrem besteht dabei allerdings die Gefahr, dass sich die Stärke in eine Schwäche verkehrt: Diese Personen haben möglicherweise den Zugang zu ihrem Kern verloren. Sie konzentrieren sich ausschließlich auf ihre bewussten Ziele und nehmen die Bedürfnisse, die Körper und Seele haben, nicht mehr wahr (Beispiel: Workaholic). Insofern besteht bei Überkontrolle ein Ungleichgewicht zwischen »Kopf« und »Bauch«: Der »Kopf« dominiert den »Bauch«.

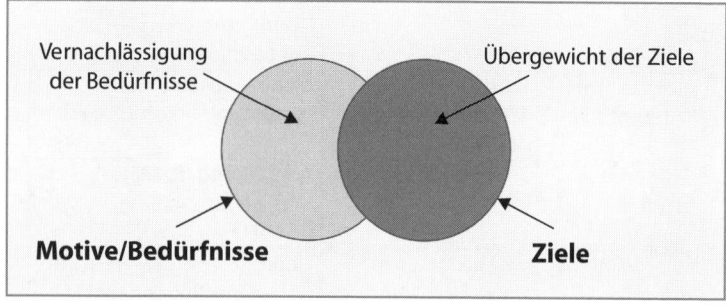

Abb. 16: Überkontrolle

Übung: Testen Sie Ihre Selbstkontrolle

Bitte vergeben Sie für die folgenden Statements Punkte, je nachdem, ob diese Statements für Sie im Allgemeinen zutreffen oder nicht.

- Eine 5 bedeutet: trifft immer oder überwiegend zu
- Eine 4 bedeutet: trifft häufig zu
- Eine 3 bedeutet: trifft manchmal zu; teils/teils
- Eine 2 bedeutet: trifft selten zu
- Eine 1 bedeutet: trifft nie oder kaum einmal zu

Bitte beurteilen Sie nun für jedes Statement, inwieweit es auf Ihre Situation zutrifft. Addieren Sie die Punkte für die einzelnen Blöcke allerdings noch nicht.

		5	4	3	2	1
Pl1	Ich weiß oft schon Tage im Voraus, wie mein Tagesablauf aussehen wird.	☐	☐	☐	☐	☐
Ne1	Ich male mir oft aus, was an einer Sache schief gehen könnte.	☐	☐	☐	☐	☐
Ab1	Ich kontrolliere im Laufe des Tages öfter, was ich noch alles zu tun habe.	☐	☐	☐	☐	☐
Fr1	Ich erledige oft Dinge, die mir andere aufgetragen haben.	☐	☐	☐	☐	☐
Pl2	Ich plane jedes neue Projekt genau durch.	☐	☐	☐	☐	☐
Fr3	Wenn andere mich um etwas bitten, kann ich nicht gut Nein sagen.	☐	☐	☐	☐	☐
Im1	Ich kann Ablenkungen gut widerstehen.	☐	☐	☐	☐	☐
Ne2	Ich habe hin und wieder Zukunftsängste.	☐	☐	☐	☐	☐
Pl3	Nach Möglichkeit versuche ich Planänderungen zu vermeiden.	☐	☐	☐	☐	☐
Ab2	Ich denke oft an die Dinge, die ich noch zu erledigen habe.	☐	☐	☐	☐	☐
Im2	Ich kann gut mit Verlockungssituationen umgehen.	☐	☐	☐	☐	☐
Ab3	Ich bin öfter beunruhigt, dass ich etwas Wichtiges vergessen könnte.	☐	☐	☐	☐	☐
Fr2	Nach Möglichkeit versuche ich, den Erwartungen anderer gerecht zu werden.	☐	☐	☐	☐	☐

		5	4	3	2	1
Im3	Ich lasse mich nicht leicht zu etwas verführen.	☐	☐	☐	☐	☐
Ne3	Ich denke oft daran, was passieren könnte, wenn ich mich nicht genügend anstrenge.	☐	☐	☐	☐	☐

Bitte zählen Sie nun die Punkte für die einzelnen Bereiche zusammen.

Summe der Punkte aus Pl1–Pl3	
Summe der Punkte aus Ab1–Ab3	
Summe der Punkte aus Im1–Im3	
Summe der Punkte aus Fr1–Fr3	
Summe der Punkte aus Ne1–Ne3	
Summe der Punkte insgesamt	

Auf der Seite 124f. werden diese Punktwerte kommentiert.

Vorab: Die Bezeichnung »Überkontrollierer« wird hier der besseren Lesbarkeit wegen verwendet. Damit ist jedoch keine Schwarzweißmalerei verbunden: Man ist nicht entweder Überkontrollierer oder ist es eben nicht.

Wie weiter unten ausgeführt werden soll, setzt sich Überkontrolle aus verschiedenen Facetten zusammen, und es kann durchaus sein, dass eine Person nur in einem bestimmten Bereich zu Überkontrolle neigt, in anderen dagegen nicht.

Die folgende Übung geht auf zwei Facetten der Überkontrolle ein.

Übung

Zwei Facetten von Überkontrolle

Bitte beantworten Sie zunächst zwei Fragen: Kennen Sie so etwas wie Überkontrolle bei anderen Personen aus Ihrem beruflichen oder privaten Umfeld? Zählen Sie einige typische Verhaltensweisen auf, die Sie als überkontrolliert charakterisieren würden:

....

....

....

....

....

....

....

....

Weshalb schätzen Sie diese Verhaltensweisen als überkontrolliert ein? Welche Konsequenzen (kurz- oder langfristig) sind zu erwarten?

....

....

....

....

....

....

....

....

....

Überkontrolle setzt sich im Wesentlichen aus zwei Facetten zusammen. Zum einen neigen Überkontrollierer dazu, fremde Ziele allzu bereitwillig zu übernehmen, ohne dabei die eigenen Bedürfnisse zu berücksichtigen. Zum anderen tendieren sie dazu, bei der Realisierung von Zielen hart gegen sich selbst zu sein, das heißt ein weiteres Mal die eigenen Bedürfnisse und Gefühle zu vernachlässigen.

Die Vernachlässigung der eigenen Bedürfnisse bei der Übernahme fremder Ziele lässt sich durch eine Studie veranschaulichen, die in unserer Arbeitsgruppe durchgeführt wurde (Kehr u.a. 1999b).

 Im Anschluss an ein klassisches Führungstraining, welches Gesprächstechniken und Führungsverhalten verbessern sollte, wurden die Teilnehmer befragt, auf welche Weise sie das im Training Gelernte realisieren wollten. Jeder Teilnehmer sollte drei konkrete Umsetzungsabsichten formulieren, die schriftlich festgehalten wurden. Vor dem Training war durch einen Fragebogen (Kuhl/Fuhrmann 1998) bestimmt worden, welche Führungskräfte zu Überkontrolle neigen. Etwa vier Monate nach dem Training erhielten die Teilnehmer einen weiteren Fragebogen. Dieses Mal bestand die Aufgabe darin, sich daran zu erinnern, welche persönlichen Transferabsichten man wenige Monate zuvor gebildet hatte.
Der Vergleich mit einer Kontrollgruppe ergab, dass Überkontrollierer sich deutlich schlechter an ihre eigenen Absichten erinnern konnten. Zwar wussten sie noch recht gut, was die Ziele des Trainings gewesen waren, was der Trainer und ihre Vorgesetzten sich von dieser Schulungsmaßnahme versprochen hatten, aber die eigenen Absichten – sie waren vergessen.

Generalisierend lässt dies darauf schließen, dass sich Überkontrollierer bei der Bildung von Zielen (hier: den Transferabsichten) stark von den Erwartungen anderer leiten lassen, dabei aber den Bezug zu ihren eigenen Bedürfnissen verloren haben.

Was die zweite Facette von Überkontrolle betrifft, die Vernachlässigung eigener Bedürfnisse bei der Durchsetzung von Zielen, so unterscheiden Kuhl und Fuhrmann (1998) einen autoritären und einen demokratischen Selbstführungsstil. Dabei wählen sie bewusst die Analogie zur klassischen Führungsforschung, welche bezüglich der Führung von Mitarbeitern autoritäre und demokratische Führungsstile gegenübergestellt. (Bles konnte in ihrer Dissertation [1999] zeigen, dass es sich hier nicht bloß um eine Analogie handelt, sondern dass tatsächlich Parallelen bestehen zwischen der Art, wie man sich selbst führt, und der Art, wie man seine Mitarbeiter führt.)

Eine Person mit demokratischer Selbstführung versucht, die verschiedensten Bedürfnisse und Neigungen, die sie in sich verspürt, mit den Zielen, die sie für wichtig hält, zu integrieren. Das meint in diesem Zusammenhang die Bezeichnung »demokratisch«. So verhält sich diese Person das eine Mal sehr zielbewusst und konsequent, ein anderes Mal wiederum gänzlich lustbetont entsprechend ihrer Bedürfnisse und Neigungen.

Demgegenüber stellt eine Person mit vorwiegend autoritärer Selbstführung ihre Ziele voran und ordnet diesen alle anderen Neigungen und Bedürfnisse unter. Sie hält es für wichtig, hart gegen sich selbst zu sein, um Großes erreichen zu können. »Was nutzt, muss wehtun!« wäre ein typischer Glaubenssatz einer solchen Person. Man meint vielleicht, dass derartige Glaubenssätze eher auf frühere Generationen zugeschnitten seien und sich mit der gegenwärtigen »Spaßkultur« nicht vereinbaren ließen. Wie die Erfahrungen des Selbstmanagement-Trainings zeigen, sind solche Einstellungen aber gerade auch bei Nachwuchskräften in den aufstrebenden Branchen der New Economy verbreitet, zum Beispiel bei Software-Spezialisten, Investment-Bankern oder Internet-Brokern. Je mehr Zeit im Büro verbracht wird, je blasser die Gesichtsfarbe, je weniger Gelegenheiten für spontane Unternehmungen bleiben, desto erfolgreicher und gefragter scheint jemand zu sein.

Fehlendes Problembewusstsein

Fakt ist, dass die Betroffenen in der Regel kein Problembewusstsein für Überkontrolle haben. Hier unterscheiden sie sich deutlich von denjenigen Menschen, denen es beispielsweise an Willensstärke mangelt. Während Letztere zumeist selbst wissen (oder ahnen), dass ihnen die Fähigkeit abgeht, sich in schwierigen Situation selbst zu motivieren, wollen es Überkontrollierer oft nicht wahrhaben, dass autoritäre Selbstführung gravierende Nachteile haben kann. Sie halten ihren Fall für eine Ausnahme und meinen, dass die bisherigen Erfolge gerade ihrer herausragenden Selbstdisziplin zu verdanken sind und dass Misserfolgen nur durch verstärkten Einsatz und rigide Selbstbeherrschung beizukommen ist.

Und wo liegt das Problem?, könnte man versucht sein zu fragen. Jeder Mensch ist anders, und es könnte ja möglich sein, dass das, was hier als »Überkontrolle« bezeichnet wird, tatsächlich für manche das Erfolgsrezept ist. Auch wenn sich Überkontrollierer weniger gut fühlen als andere (vgl. Kehr u.a. 1999b), so wäre dies vielleicht zu verschmerzen, wenn durch herausragende berufliche Erfolge aufgewogen würden. Wie also steht es um den Erfolg von Überkontrollierern? Erreichen diese Menschen mehr als andere?

Eine Studie mit Führungskräften aus der Versicherungsbranche belegt, dass dies nicht der Fall ist: Überkontrollierer erreichen ihre Ziele weniger gut als andere Menschen (Kehr u.a. 1999b). Dieser Befund steht im eklatanten Widerspruch zum Selbstbild der Überkontrollierer, die häufig davon überzeugt sind, dass ihre autoritäre Selbstführung eine wichtige Erfolgsbedingung darstellt. Nun ließe sich hier einwenden, dass sich Überkontrollierer möglicherweise höhere und schwierigere Ziele setzen als andere und dass sie dann zwar kritischer gegenüber dem Erreichten sind, vielleicht aber letzten Endes genauso viel oder gar mehr erreicht haben. Tatsächlich wurden weder der Inhalt noch die Schwierigkeit der Ziele in der berichteten Studie kontrolliert.

Deshalb sollte eine ergänzende Untersuchung feststellen, ob sich der erfolgshemmende Effekt von Überkontrolle auf die (subjektiven) Ziele der Versicherungsmanager beschränkt oder ob er sich in harten (objektiven) Erfolgsmaßen niederschlägt. Diesmal wurde der Jahresumsatz als Vergleichsmaßstab verwendet. Tatsächlich lag der Jahresumsatz der Überkontrollierer im Durchschnitt um die Hälfte niedriger als bei der Vergleichsgruppe (Bles/Kehr 1999).

Auch wenn die Ergebnisse solcher Studien, die an Durchschnittsbetrachtungen festgemacht werden, nicht für jeden Einzelnen gelten und auch nicht ungeprüft auf andere Branchen übertragen werden sollten, so sind sie doch ein deutliches Warnsignal für die *potenziellen* Gefahren und Nachteile von Überkontrolle.

Über- und Unterkontrolle

Überkontrolle im Sinne eines Zuviel an Selbstkontrolle birgt diverse Risiken: Wenn man sich ständig gegen alle Bedürfnissignale verschließt, bleiben wichtige Handlungsenergien ungenutzt. Die Leichtigkeit beim Handeln geht verloren. So kann Überkontrolle dazu führen, dass alle möglichen Tätigkeiten als anstrengend empfunden werden. Im Vergleich zu anderen Personen, die es besser verstehen, den »Spaßfaktor« einzusetzen, schneiden Überkontrollierer, was ihre Leistung betrifft, häufig schlechter ab (s.o.). Außerdem kann Überkontrolle die Stressanfälligkeit erhöhen und die Lebenszufriedenheit mindern.

Dennoch gibt es bestimmte Situationen, in denen man in der Lage sein sollte, hart gegen sich selbst zu sein und seine Neigungen und Bedürfnisse zu unterdrücken. Wer diese Fähigkeit zur autoritären Selbstkontrolle überhaupt nicht besitzt, wird Schwierigkeiten bei der Verfolgung seiner Ziele haben.

Abbildung 17 verdeutlicht dies: Bei einer geringen Fähigkeit zur Selbstkontrolle erreicht man seine Ziele auch nicht allzu gut. Dann, mit zunehmender Selbstkontrolle, verbessert sich die Zielerreichung. Das Maximum ergibt sich bei einer mäßig stark ausgepräg-

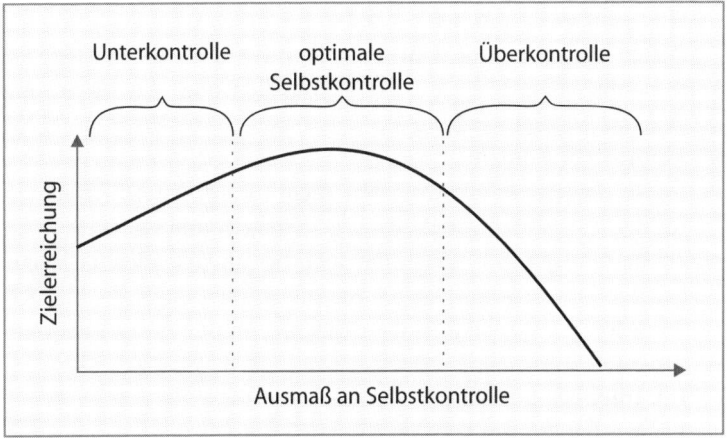

Abb. 17: Selbstkontrolle und Zielerreichung (nach: Kehr u.a. 1998)

ten Selbstkontrolle. Bei starker Selbstkontrolle (Überkontrolle) allerdings fällt die Zielerreichung rapide ab: Überkontrollierer erreichen ihre eigenen Ziele nicht so gut (s.o.).

Optimal ist dementsprechend eine mäßig stark ausgeprägte Selbstkontrolle. Um hervorzuheben, dass es hier also ein Zuviel, aber auch ein Zuwenig geben kann, wird hier von Über- und Unterkontrolle gesprochen (zum Beispiel Asendorpf/van Aken 1999). Darauf wird auch im Zusammenhang mit der Auswertung des Selbstkontroll-Tests eingegangen.

Selbstkontroll-Bereiche

Bei genauerer Betrachtung lässt sich Selbstkontrolle in verschiedene Bereiche aufspalten, die im Folgenden näher beschrieben werden. Sie können diese Beschreibungen auch mit den für den Statements aus dem Selbstkontroll-Test von S. 113f. vergleichen. Die Beschreibungen sind auf die funktionalen Aspekte der einzelnen Selbstkontroll-Bereiche fokussiert. Die möglichen Nachteile werden dann weiter unten im Zusammenhang mit den Übungen zur Reduzierung von Überkontrolle diskutiert.

- **Pl: Planungsneigung**
  Hier geht es darum, wie stark bei Projekten oder auch im einfachen Tagesablauf geplant wird. Planen Sie oft, oder lassen Sie es häufig offen, wie Sie den Tag verleben oder wie bestimmte Projekte erledigt werden?
- **Ab: Absichtskontrolle**
  Es ist wichtig, seine Absichten nicht zu vergessen. Absichten werden im Absichtsgedächtnis gespeichert und drängen dann bei passender (und manchmal auch bei unpassender) Gelegenheit ins Bewusstsein. Denken Sie oft an die Dinge, die Sie sich vorgenommen haben? Haben Sie oft Angst, etwas Wichtiges vergessen zu können?
- **Im: Impulskontrolle**
  Wenn »Bauch« und »Kopf« auseinander klaffen, dann ist es wahrscheinlich, dass sich der »Bauch« in Form von störenden

Impulsen »zu Wort meldet«. Man erlebt dies als eine unangenehme Verlockung oder als störende Ablenkung. Hier braucht es die Fähigkeit, diese Verlockungen und störenden Impulse kontrollieren oder unterdrücken zu können.

- **Fr: Fremdkontrolle**
Es ist wohl normal, dass wir häufig mit den Erwartungen anderer Menschen konfrontiert werden: Auch Kollegen, Familienmitglieder, Freunde und Bekannte haben Ansprüche, die sie mehr oder weniger deutlich an uns herantragen. Prinzipiell ist es wichtig, sich diesen Erwartungen nicht zu verschließen – auch das beinhaltet die Fähigkeit der sozialen Kompetenz.

- **Ne: Negative Erwartungen**
Hier handelt es sich um das Pendant zur den positiven Fantasien, die oben im Zusammenhang mit den Willensstrategien behandelt worden sind. Negative Fantasien regen Furchtmotive an und sind deshalb als die »schwarzen Tasten« auf der Motivationsklaviatur zu verstehen. Wie stark neigen Sie dazu, sich in schwierigen Situationen durch negative Fantasien zu motivieren oder sich auszumalen, was im schlimmsten Falle passieren könnte?

Übung

Bitte überlegen Sie sich, wann die einzelnen Selbstkontroll-Bereiche, die hier aufgeschlüsselt worden sind, zu Überkontrolle werden. Welche negativen Konsequenzen würden Sie erwarten, wenn jeweils einer dieser Bereiche besonders stark ausgeprägt ist?

Negative Folgen einer starken Planungsneigung:

....

....

....

....

....

Negative Folgen einer starken Absichtskontrolle:

....

....

....

....

Negative Folgen einer starken Impulskontrolle:

....

....

....

....

Negative Folgen einer starken Fremdkontrolle:

....

....

....

....

Negative Folgen einer starken Neigung zu negativen Fantasien:

....

....

....

....

Sie können Ihre Antworten weiter unten mit den Ausführungen zu den negativen Konsequenzen von Überkontrolle vergleichen (s. S. 125ff.).

Auswertung des Selbstkontroll-Tests von S. 113

Der Grundgedanke, dass es bei Selbstkontrolle prinzipiell stets ein Zuviel, aber auch ein Zuwenig geben kann, sollte bei der Auswertung berücksichtigt werden.

Punktwerte bei einzelnen Selbstkontrollbereichen

Es werden nun die Punktwerte aus dem Test zur Selbstkontrolle (s. S. 113f.) kommentiert.

Eine Anmerkung vorab: Die Auswertung für Planungsneigung (Pl) weicht von den anderen Bereichen ab, weil hier im Allgemeinen höhere Werte erreicht werden (vgl. auch S. 125ff.).

- **Werte oberhalb von 10 (für Planungsneigung: 12)**
  Hohe Werte für einzelne Selbstkontrollbereiche können als Indiz auf Überkontrolle verstanden werden. Im folgenden Text werden verschiedene Übungen vorgeschlagen, mit denen sich Überkontrolle in den einzelnen Bereichen verringern lässt.
- **Werte zwischen 8 und 10**
  Ideal wäre es, wenn Ihre Werte in den einzelnen Selbstkontroll-Bereichen jeweils zwischen 8 und 10 liegen (für Planungsneigung: zwischen 10 und 12). Wenn Ihre Werte in diesem Feld liegen, dann ist Ihre Selbstkontroll-Fähigkeit in dem betreffenden Bereich weder zu gering noch zu stark; von Überkontrolle sollte dann nicht die Rede sein.
- **Werte unterhalb von 8 (für Planungsneigung: 10)**
  Niedrige Werte für einzelne Selbstkontroll-Bereiche können als Indiz für Unterkontrolle verstanden werden. Zwar legen die meisten der weiter unten beschriebenen Übungen den Schwerpunkt auf eine *Verringerung* von Überkontrolle, jedoch findet sich dort auch der ein oder andere Hinweis auf Übungen, mit denen sich bei Bedarf Selbstkontrolle *verstärken* lässt.

Wie aber lässt sich die Gesamtwertung kommentieren?

Da es bei sämtlichen Selbstkontroll-Bereichen sowohl »zu geringe« als auch »zu hohe« Werte geben kann, macht eine Summierung der Werte über alle Bereiche hier nicht allzu viel Sinn. Schließlich könnte es sein, dass man in einigen Bereichen unterkontrolliert, in anderen dagegen überkontrolliert ist. In der Summe würde dies nicht mehr erkennbar sein. Insofern können die folgenden Ausführungen nur einen ersten Anhaltspunkt liefern.

- **Werte oberhalb von 57**
  Wenn Ihre Punktwertung in diesem Feld liegt, ist es wahrscheinlich, dass Sie zumindest in einzelnen Bereichen zu Überkontrolle neigen. Falls Sie an entsprechenden Übungen zur Reduzierung von Überkontrolle interessiert sind, sollten Sie sich zunächst überlegen, mit welchem Bereich Sie beginnen möchten. Die Punktwerte sollten hier nur als grober Richtwert verstanden werden.
- **Werte zwischen 42 und 56**
  Allein in Kenntnis des Summenwertes lässt sich aus den oben genannten Gründen wenig aussagen. Es könnte sein, dass bei Ihnen alles »im grünen Bereich« liegt, es könnte aber auch sein, dass Sie hier unter- und dort wiederum überkontrolliert sind. Es empfiehlt sich deshalb eine genauere Auseinandersetzung mit den Einzelauswertungen.
- **Werte unterhalb von 41**
  Es ist wahrscheinlich, dass Sie in manchen Selbstkontroll-Bereichen eher unterkontrolliert sind. Möglicherweise finden sich weiter unten Übungen, die für Sie geeignet ist.

Übungen zur Reduzierung von Überkontrolle

Ein weiteres Mal sei darauf hingewiesen, dass es bei sämtlichen Selbstkontroll-Bereichen sowohl ein Zuviel als auch ein Zuwenig geben kann. Besonders niedrige Werte lassen auf Unterkontrolle schließen, der durch bestimmte Übungen begegnet werden kann.

Besonders hohe Werte dagegen sind als Indiz für Überkontrolle zu verstehen. Hier empfehlen sich Maßnahmen und Übungen zur Reduzierung von Überkontrolle. Da dieses Kapitel aber mit »Reduzierung von Überkontrolle« überschrieben ist, liegt der Schwerpunkt der hier vorgeschlagenen Übungen darauf, wie sich »zu hohe« Werte vermindern lassen.

Überkontrolle geht häufig mit einem fehlenden Gespür für eigene Bedürfnisse, Gefühle und unbewusste Motive einher. Zur Verminderung von Überkontrolle eignen sich deshalb grundsätzlich all jene Übungen, die den »Bauch«-Bereich, also die eigenen Emotionen und Bedürfnisse, wieder stärker in das Zentrum der Aufmerksamkeit rücken. Besonders geeignet ist dazu die bereits oben beschriebene Übung zum Erkennen der eigenen Emotionen (s. S. 102) oder die weiter unten beschriebene Übung zur verbesserten Selbstwahrnehmung (s. S. 131).

Planungsneigung

Einerseits ist Planung ohne Zweifel wichtig, um in einer vernetzten und dynamischen Welt bestehen zu können. Im Großen wie im Kleinen misslingen viele Projekte, weil es der Planung nicht gelingt, ihre Dynamik zu erfassen und angemessen darauf zu reagieren (vgl. Dörner 1992). Auf der anderen Seite kann eine übersteigerte Planung verschiedene Nachteile mit sich bringen.

So kann Planung die Flexibilität beeinträchtigen. Sie nimmt den Raum für spontane Unternehmungen und erschwert deshalb die Befriedigung spontaner Bedürfnisse. Mit der Planung entsteht häufig ein Tunnelblick: Es werden bevorzugt jene Umweltgegebenheiten wahrgenommen, welche in der Planung vorgesehen waren. Günstige Gelegenheiten werden dann nicht mehr erkannt, Wege, die sich unerwartet öffnen, nicht gegangen. Und schließlich ist auch daran zu denken, dass die Planung selbst Ressourcen bindet und verzehrt: Planen kostet Zeit und Geld. Man kann nicht zugleich planen und handeln. In diesem Zusammenhang ist auf das von Kuhl (1995) untersuchte Phänomen der Handlung- und Lageorientierung hinzuweisen: Handlungsorientierte Menschen neigen zu Tatendrang, im Extrem sogar zu unüberlegtem Aktionismus. Demgegenüber beschäftigen sich lageorientierte Menschen intensiv mit ihrer derzeitigen Situation, planen, wie sich diese ändern ließe, denken an die Zukunft, aber: Sie handeln nicht.

Wenn im Selbstmanagement-Training die Auswertungen zur Planungsneigung besprochen wurden, kommt es nicht selten zu Einwänden. Gerade Führungskräfte haben oft hohe Werte für Planungsneigung, wollen aber nicht wahrhaben, dass das für sie ein Problem sein könnte. So erreichen etwa Selbstständige, Geschäftsführer oder Handelsvertreter bei der Planungsneigung regelmäßig Höchstwerte. Auf seine hohen Planungswerte angesprochen, entgegnete mir der Inhaber eines mittelständischen Baubetriebes: »Sie können mir glauben, wenn ich nur einen Deut weniger planen würde, dann würde mir alles aus den Händen entgleiten.«

Vielleicht hat der Bauunternehmer Recht: Es mag sein, dass es in seiner Situation nicht ratsam wäre, weniger zu planen. Zwar ließe sich beizeiten vielleicht auch einmal darüber reflektieren, dass man in die Situation, in der man sich gegenwärtig befindet, nicht durch Zufall geraten ist. Diverse bewusste Entscheidungen und Anstrengungen waren erforderlich, um dorthin zu gelangen, wo man jetzt so viel planen muss – oder darf. Anders ausgedrückt: Überkontrolle sucht sich vielleicht manchmal ihren Weg. Aber zugegeben, auf die konkrete Situation des Bauunternehmers haben solche Überlegungen keinen unmittelbaren Einfluss. Ich habe den Bauunternehmer gefragt, wie es denn mit seiner Freizeit aussieht, wenn er doch im Beruf schon so viel planen muss. Ob er wisse, was er am nächsten Samstag um 16:00 Uhr machen wird. Der Bauunternehmer dachte kurz nach und antwortete dann bestimmt, dass er zu dieser Zeit an seinem Oldtimer basteln und im Anschluss daran mit Freunden grillen wollte. Er müsse auch in seiner Freizeit genau planen, da er viele Hobbys habe und sich diese nur durch eine strikte Zeitplanung unter einen Hut bringen ließen.

Nun gut, Hobbys dienen (zumindest im günstigen Falle) der Befriedigung der eigenen Bedürfnisse, und solange Planung diese Bedürfnisbefriedigung erleichtern soll, erfüllt sie einen guten Zweck. Planung sollte allerdings das *Mittel zum Zweck* sein, und die Frage ist, ob sich dieses Mittel-Zweck-Verhältnis nicht vielleicht bereits umgedreht haben könnte – dass also die Planung inzwischen zum Zweck geworden ist, dem alles andere untergeordnet wird. Ich fragte den Bauunternehmer deshalb, wie er wohl reagieren würde, wenn die Freunde statt wie geplant am Abend doch bereits am Nachmittag vor der Tür stehen würden. Da wurde der Bauunternehmer zum ersten Male nachdenklich, und er entgegnete leise, als ob er selbst über seine Antwort überrascht wäre: »Die würde ich am liebsten wieder rauswerfen!«

Was lässt sich bei einer allzu ausgeprägten Planungsneigung empfehlen? Es empfiehlt sich, mit kleinen Testballons zu starten und zu prüfen, ob man nicht auch mit ungeplanten Situationen umgehen kann. Wegen des schlecht kalkulierbaren Risikos sollte man damit nicht im Beruf, sondern eher in der Freizeit beginnen. Nehmen Sie sich einmal einen ungeplanten Feierabend vor und überlassen Sie es anderen oder dem Zufall, was genau geschieht. Setzen Sie diese Versuche mit einem ungeplanten Wochenende, vielleicht mit einem spontanen Kurzurlaub fort. Wenn Sie mit solchen ungeplanten Situationen gute Erfahrungen gemacht haben, werden Sie sehen, dass sich dies automatisch auch ein wenig auf den Beruf überträgt. Auch dort ist manchmal etwas weniger Planung mehr. Das wird gerade auch in den neueren Führungstheorien berücksichtigt, die auf das Empowerment von Mitarbeitern abstellen und auf deren Selbstmanagement-Fähigkeiten bauen.

Was lässt sich dem empfehlen, der meint, *zu wenig* zu planen? Einmal ist an die verschiedenen Zeitplansysteme zu denken, die in Buchform oder elektronisch angeboten werden. Um das Pendel aber nicht in Richtung Überkontrolle ausschlagen zu lassen, ist es wichtig, dass bei Verwendung solcher Planungshilfen immer genügend Freiräume für Ungeplantes (»Slack«) eingeplant und geblockt werden. Dabei ist es nur scheinbar ein Widerspruch, wenn man vorab Freiräume einplant, um letztlich weniger verplant zu sein.

Dennoch haben viele Planungssysteme den Nachteil, dass Sie nur auf die Planung und Analyse von Zielen, Projekten und Absichten – den »Kopf« – fokussiert sind. Wünsche und Bedürfnisse – der »Bauch« – kommen häufig zu kurz. Eine umfangreiche Planungsübung, die in Kapitel 6 beschrieben wird, zielt deshalb darauf ab, »Kopf« und »Bauch« bereits im Planungsstadium zu integrieren.

Absichtskontrolle

Natürlich ist es wichtig, einmal gefasste Absichten und Vorsätze nicht zu vergessen. Ansonsten wäre es uns nicht möglich, längerfristige Ziele und Projekte zu verfolgen, weil jede Unterbrechung das Aus bedeuten würde. Die Aufgabe, uns daran zu erinnern, hat das Absichtsgedächtnis übernommen, das uns diese Absichten wieder ins Bewusstsein ruft. Eigentlich sollte es diese Aufgabe immer genau dann erfüllen, wenn die Gelegenheit gerade günstig ist. Sich an den Brief in der Tasche zu erinnern, wenn wir an einem Briefkasten vorbeilaufen (das Beispiel geht auf Kurt Lewin zurück, einem der Väter der Motivationspsychologie), ist sinnvoll.

Andererseits meldet sich das Absichtsgedächtnis häufig gerade dann zu Wort, wenn es eigentlich nicht passt. Eine überhöhte Absichtskontrolle kann verschiedene Nachteile mit sich bringen. Der Gedanke an unerledigte Absichten und Vorsätze zieht uns aus dem heraus, was wir gerade tun. Das stört, hält auf und kann unter Umständen auch dazu führen, dass einem Fehler unterlaufen. Außerdem sind die Gefühle, die mit den Gedanken an unerledigte Absichten einhergehen, in aller Regel negativ: Oh je, was muss ich noch alles erledigen! Um das an der Abbildung 18 zu illustrieren:

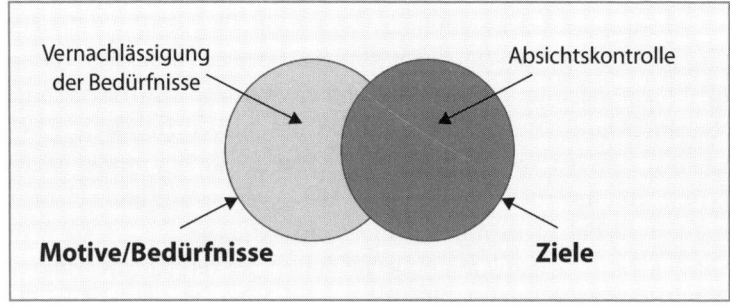

Abb. 18: Absichtskontrolle

Im günstigen Fall befindet man sich gerade im Bereich der Linse, arbeitet also an etwas, was einem gefällt und die aktuellen Bedürfnisse befriedigt, und dann kommt der störende Gedanke, der einen wieder aus dieser Linse herausreißt. Man kommt nicht weiter und fühlt sich obendrein schlecht dabei.

Es fällt nicht leicht, Empfehlungen gegen eine überstarke Absichtskontrolle zu geben. In der Theorie sagen wir: »Das Absichtsgedächtnis entlasten!« und meinen damit: die Absichten aufschreiben. Nun dürfte dieser Tipp in der Praxis oft ins Leere gehen, weil doch die meisten Betroffenen ohnehin bereits all ihre Absichten aufschreiben und dennoch von störenden Gedanken an Unerledigtes heimgesucht werden. In jedem Falle dürfte es ratsam sein, keine gelben Zettel oder Ähnliches zu verwenden, da diese verloren gehen könnten und deshalb das Absichtsgedächtnis nicht wirklich entlasten (»Wo war noch der gelbe Zettel?«).

Eine nachhaltigere Empfehlung, um die störende Absichtskontrolle zu verringern, wäre zu versuchen, verstärkt solche Absichten zu bilden, die mit den eigenen Bedürfnissen konform gehen. Es macht mehr Spaß, an diese Absichten zu denken, man wird seltener aus anderen Tätigkeiten herausgerissen, und wenn es doch passiert, dann sind es keine negativen Gefühle, die entstehen, sondern eher eine angenehme Vorfreude. Zugegeben, dieser Idealzustand dürfte sich wohl nur in einer Utopie verwirklichen lassen, und doch hält das Kapitel 6 eine Übung parat, die eine größere Übereinstimmung von »Kopf« und »Bauch« bewirken kann.

Sollte die Absichtskontrolle allzu gering sein und man das Gefühl haben, Absichten häufig zu vergessen, so empfiehlt es sich auch, die Absichten zunächst einmal aufzuschreiben. Nach Möglichkeit sollte man auch hier ein systematisches Planungsinstrument verwenden, das allerdings vielleicht nicht bis in die feinsten Planungsstufen hinein ausgearbeitet zu werden braucht.

Impulskontrolle

Impulskontrolle ist eine zweigesichtige Willensstrategie: Einerseits ist es wichtig, resistent gegenüber unerwünschten Verlockungen zu sein. Andererseits zeigen Verlockungssituationen die Möglichkeit an, seine aktuellen Bedürfnisse leicht und unmittelbar zu befriedigen. Verlockungssituationen und andere unwillkürliche Impulse können deshalb als Signale für günstige Gelegenheiten zur Bedürfnisbefriedigung verstanden werden. Für diese Signale entwickeln Menschen mit einer besonders starken Impulskontrolle einen »blinden Fleck«. Insofern lässt eine extreme Verlockungsresistenz darauf schließen, dass man seine eigenen Bedürfnisse allzu stark unterdrückt.

Wegen der Jansköpfigkeit von Impulskontrolle werden nachstehend zwei Übungen beschrieben. Die erste Übung bezweckt eine Steigerung von Impulskontrolle. Sie empfiehlt sich daher, wenn diese Fähigkeit nur wenig ausgeprägt sein sollte und man das Gefühl hat, bei Verlockungssituationen allzu leicht nachzugeben. Die zweite Übung dagegen empfiehlt sich zur Verringerung von Impulskontrolle. Sie soll eine Sensibilisierung für eigene Bedürfnisse und Handlungsimpulse bewirken. Selbstredend läuft auch die zweite Übung nicht darauf hinaus, sämtlichen Bedürfnissen und Verlockungen nachzugeben – zwar mag dies der Idealzustand eines Dreijährigen sein, lässt sich aber mit der Notwendigkeit, Belohnungsaufschub zu leisten, um langfristige Ziele erreichen zu können, nicht vereinbaren (vgl. Mischel/Mischel 1983). Es geht vielmehr darum, Verlockungssituationen bewusster wahrzunehmen und den Entscheidungsspielraum zu vergrößern, mit Verlockungen umzugehen. Wenn man schon eine Diät bricht, dann sollte die Schokolade, die dafür verantwortlich ist, wenigstens besonders gut sein! Letztlich verfolgen deshalb beide Übungen den gleichen Zweck, nur nähern sie sich aus verschiedenen Perspektiven der Thematik an.

Bei der Selbstwahrnehmung geht es darum, seine eigenen Bedürfnisse besser kennen zu lernen und wieder stärker auf seine »innere Stimme« zu hören. Die folgende Übung ergänzt sich mit verschiedenen anderen Übungen aus diesem Buch, vor allem mit der Übung zur Förderung der intrinsischen Motivation aus Kapitel 6.

Für die nachfolgende Übung ist von Vorteil, seine Ziele, Motive und Handlungsblockaden zu kennen. Die eigenen Bedürfnisse melden sich häufig gerade in Situationen, in denen sie eher stören, etwa als innerer Drang, Verlockung, Ablenkbarkeit, Unlust oder Abneigung. Es gilt also, die Aufmerksamkeit für diese Störungen zu schärfen und sich über die Ursachen klar zu werden.

Übung zur Steigerung von Impulskontrolle

Es empfiehlt sich, diese Übung über einen Zeitraum von vier Wochen zu machen. Nehmen Sie sich dazu am besten abends jeweils etwa eine Viertelstunde Zeit. Stellen Sie sich die folgenden Fragen und schreiben Sie die Antworten in ein Heft (s. auch die Tipps zum Umgang mit Tagebuchübungen auf S. 103f.):

- In welchen Situationen habe ich mich heute erfolgreich gegen Verlockungen zur Wehr gesetzt?
- In welchen Situationen bin ich heute schwach geworden oder habe meinen Gedanken nachgehangen, obwohl ich etwas Wichtiges zu erledigen hatte?
- In welchen dieser Fälle bereue ich das?
- Wie habe ich in diesen Fällen versucht, dagegen anzugehen?
- Warum ist das misslungen?
- Hätte ich eine bestimmte Willensstrategie (zum Beispiel Motivations-, Emotions- oder Umweltkontrolle) einsetzen können, mit der ich mich besser gegen die Verlockungen hätte zur Wehr setzen können? Welche? Nehmen Sie sich vor, das nächste Mal eine dieser Strategien einzusetzen.

Wiederholen Sie diese Übung täglich über einen Zeitraum von etwa vier Wochen.

Übung zur verbesserten Selbstwahrnehmung

Stellen Sie sich bitte vier Wochen lang jeden Abend die Fragen, die nachstehend aufgeführt sind. Nehmen Sie sich dazu etwa 15 bis 20 Minuten Zeit und notieren sie die Antworten in einem Tagebuch (s. auch die Tipps zum Umgang mit Tagebuchübungen auf S. 103f.).

- Wann ist es heute zu einer Verlockung/Störung/Ablenkung gekommen?
- Woran könnte diese Verlockung/Störung/Ablenkung gelegen haben? Welche Bedürfnisse oder Motive könnten dafür verantwortlich sein?
- Wie bin ich mit der Verlockung/Störung/Ablenkung umgegangen? Habe ich sie unterdrückt?
- Wäre es auch möglich gewesen, der Verlockung/Störung/Ablenkung nachzugeben?

Fremdkontrolle

Um in seinem sozialen Umfeld bestehen zu können, ist es wichtig, auch die Erwartungen anderer zu erkennen und in angemessener Weise auf sie zu reagieren. »In angemessener Weise reagieren« bedeutet dann konkret, dass man oft versucht, diese Erwartungen bestmöglich zu erfüllen. In Beruf und Freizeit bestimmen dann letztlich andere, was wir tun, wann wir es tun und wie wir es zu tun haben. Eine besondere Schwierigkeit ergibt sich zudem dann, wenn die an uns gestellten Erwartungen widersprüchlich sind (etwa die Ansprüche von Familie und Berufkollegen).

Interessant ist dabei, dass sich der Einfluss des sozialen Umfeldes vor allem auf den »Kopf«-Bereich auswirkt und die Bildung von Zielen, Plänen und Projekten beeinflusst. Der »Bauch«-Bereich mit seinen tiefer liegenden Motiven bleibt dagegen – nimmt man das Kindheitsstadium aus – von diesen Einflüssen weitgehend unberührt (vgl. McClelland u.a. 1989).

Ryan und Deci (2000) haben verschiedene Grade von Fremdbestimmung unterschieden. Demnach ist ein Großteil des sozialen Einflusses vollständig internalisiert; wir erleben uns nicht als fremdbestimmt, wenn es uns nach einem größeren Auto und nach einer Verringerung der Arbeitszeit bei vollem Lohnausgleich drängt. Als störend wird Fremdkontrolle erst dann empfunden, wenn die fremdgesetzten Soll-Vorgaben sich weder mit den aktuellen Zielen noch mit den tiefer liegenden Bedürfnissen und Motiven vereinbaren lassen. In dieser Situation erst erlebt man sich wirklich als fremdbestimmt und erkennt, dass die eigenen Bedürfnisse und Ziele auf der Strecke bleiben.

Andererseits ist der Grad dieser echten und als beeinträchtigend empfundenen Fremdkontrolle nicht immer so hoch, wie es auf den ersten Blick scheinen mag. Zwar klagen gerade Manager aus mittleren Führungsebenen häufig über Fremdbestimmung. Die genauere Analyse ergibt dann jedoch oft, dass sich die als unbequem empfundene Fremdkontrolle doch auf wenige Bereiche reduziert.

So empfanden etwa die Manager einer Handelskette die Gepflo-genheit ihres Unternehmens, Anwesenheitszeiten zu kontrollieren, nach eingehender Diskussion nicht mehr als eine beeinträchtigende Form von Fremdkontrolle, da sie ohnehin mehr als die geforderte Zeit im Unternehmen verbringen (dennoch wird Anwesenheits-kontrolle als Symbol empfunden, das die Fähigkeit zur Eigenver-antwortung in Abrede stellt und damit die Motivation hemmt). Als echte Form der Fremdkontrolle wurde dagegen auch noch nach der Diskussion die Eigenart gewertet, ihnen per Computer unge-fragt Besprechungstermine aufzunötigen.

Um besser mit Fremdkontrolle umgehen zu können, empfiehlt es sich also, zunächst zwischen milden, tolerierbaren und starken, be-einträchtigenden Formen von Fremdkontrolle zu unterscheiden. Die erste der nachstehenden Übungen dient deshalb dazu zu erken-nen, in welchen Bereichen man tatsächlich in hohem Maße fremd-kontrolliert ist und wo dies vielleicht leichter zu verschmerzen ist. Die zweite Übung knüpft hier an und sucht für die besonders stark fremdkontrollierten Bereiche nach Möglichkeiten einer stärkeren Selbstbestimmung.

»Ich sage nicht, dass Sie das machen sollen, weil ich das so will, sondern ich sage, dass Sie das machen sollen, weil Sie daran glauben.«

Übung zum Erkennen von Fremdkontrolle

Sammeln Sie typische Aktivitäten aus Beruf, Familie und Freizeit, in denen Sie das Gefühl haben, durch andere fremdbestimmt zu sein (Stichworte genügen).

Geben Sie sich dann jeweils Werte von 1 bis 3, je nachdem, wie stark diese Fremdbestimmung Sie beeinträchtigt (1 = schwach; 3 = stark)

Fremdbestimmte Aktivitäten	Grad der Beeinträchtigung durch Fremdbestimmung		
	1	2	3
	1	2	3
	1	2	3
	1	2	3
	1	2	3
	1	2	3
	1	2	3
	1	2	3
	1	2	3

Falls Sie nach dieser näheren Auseinandersetzung mit der betreffenden Aktivität der Meinung sind, dass hier die Fremdkontrolle besonders stark und beeinträchtigend ist, dann empfiehlt sich die nun folgende Übung zur stärkeren Selbstbestimmung.

Übung zur stärkeren Selbstbestimmung

Nehmen Sie sich bitte eine Aktivität vor, bei der Sie sich besonders stark durch Fremdkontrolle beeinträchtigt fühlen:

....

....

....

....

....

....

Überlegen Sie sich, welche Möglichkeiten bei dieser Aktivität bestehen, das Gleichgewicht wieder etwas stärker in Richtung Selbstbestimmung zu verschieben:

● Kann ich bei bestimmten Punkten auch einmal »Nein« sagen?
● Kann ich wenigstens zum Ausdruck bringen, dass ich etwas zwar erledige, dass dies mich aber eine besondere Anstrengung kostet und dass ich es nicht gerne tue?
● Gibt es Möglichkeiten, die fremdbestimmte Tätigkeit in einer Weise zu erledigen, die mir besser liegt (vgl. dazu auch die Übung in Kapitel 6?

Sammeln Sie Ihre Ideen:

....

....

....

....

....

....

Entwickeln Sie auch für andere fremdbestimmte Aktivitäten vergleichbare Ideen.

Prinzipiell kann die Fähigkeit, Erwartungen anderer zu erkennen und darauf einzugehen, auch zu gering ausgeprägt sein. Eine Voraussetzung dafür dürfte in der Fähigkeit zur Empathie bestehen (s. auch die Abbildung 15 auf S. 98). Allerdings ist eine Behandlung dieses Themas, welches letztlich das gesamte Sozialverhalten betrifft, im Rahmen dieses Bandes nicht beabsichtigt.

Negative Fantasien

Auf negative Fantasien als der schwarzen Tasten der Motivationsklaviatur wurde bereits ausführlich im Zusammenhang mit Motivationskontrolle eingegangen (vgl. S. 95ff.). Negative Fantasien gehen häufig mit einem inneren Zwang einher. Man sagt sich »du musst …«, um das ausgemalte Schreckensszenario nicht Wirklichkeit werden zu lassen. Auch wenn dies für manche schwierigen Ziele und Absichten, die man verfolgt, nützlich sein kann (man denke etwa an das Abfassen der Steuererklärung), bleibt kein Raum für eigene Bedürfnisse oder Vorlieben. Letztlich sind daher negative Fantasien ein weiterer Indikator für ein Übergewicht des »Kopf«-Bereiches.

Wenn Sie sich besonders stark durch negative Fantasien motivieren, empfiehlt sich zunächst einmal die bereits auf der S. 97 beschriebene Übung zur Förderung von positiven Fantasien. Wenn Sie sich aber nachhaltiger damit auseinander setzen möchten, was Ihre negativen Fantasien auslöst und wie Sie mit diesen Situationen umgehen, lässt sich dies gut mit der weiter oben beschriebenen Übung zum Erkennen der eigenen Emotionen (S. 102) verbinden.

Zusammenfassung

Überkontrolle ist eine autoritäre Form der Selbstführung: Alles wird dem »Kopf« und den dort gebildeten Zielen untergeordnet. Im Extrem besteht kein Gespür mehr für das, was den »Bauch« ausmacht: Gefühle, tiefer liegende Bedürfnisse und unbewusste Motive. Obwohl Überkontrolle sowohl das Befinden als auch die Erreichung von Zielen negativ beeinflussen kann, fehlt es häufig am entsprechenden Problembewusstsein. Das mag daran liegen, dass tatsächlich ein bestimmtes Ausmaß an Selbstkontrolle durchaus förderlich ist. Letztlich geht es darum, zwischen den Gefahren eines Zuwenig und eines Zuviel das richtige Maß an Selbstkontrolle zu finden. – Überkontrolle kann sich in verschiedenen Bereichen zeigen. Die folgende Übersicht gibt einen Überblick.

Selbstkontroll-Bereiche und Übungsmöglichkeiten			
Bereich	**Charakteristik**	**Übungsmöglichkeit**	
		Reduzierung	**Stärkung**
Planungs-neigung	Verwendung von Planungs-instrumente	• Ungeplante Testsituationen (vgl. S. 127ff.) • Freiräume (Slack) einplanen	• Zeitplaner verwenden • Planungs-übung
Absichts-kontrolle	Erinnern von unerledigten Absichten	• Absichten systematisch aufschreiben • Stärkere Übereinstimmung von Zielen und Bedürfnissen (vgl. Kapitel 6)	• Absichten systematisch aufschreiben
Impuls-kontrolle	Resistenz gegenüber Verlockungen und Ablenkungen	• Verbesserte Selbstwahrnehmung üben (S. 131)	• Impuls-kontrolle steigern (S. 131)
Fremd-kontrolle	Erfüllung fremder Erwartungen	• Erkennen von Fremdkontrolle (S. 134) • Stärkere Selbstbestimmung (S. 135)	Wurde nicht näher behandelt
Negative Erwartungen	Selbstmotivierung durch negative Fantasien	• Positive Fantasien entwickeln (S. 97) • Erkennen eigener Emotionen (S. 102)	Nicht opportun

Kapitel 6:
Intrinsische Motivation steigern

Die vorhergehenden Kapitel haben sich zunächst mit dem »Kopf«- und dann mit dem »Bauch«-Bereich auseinander gesetzt und sind schließlich der Frage nachgegangen, wie mit einem Auseinanderklaffen von »Kopf« und »Bauch« in sinnvoller Weise (Wille) und weniger sinnvoller Weise (Überkontrolle) umgegangen werden kann. Dieses Kapitel soll nun auf die Ausgangsfrage dieses Buches zurückkommen: Was kann man tun, um »Kopf« und »Bauch« einander näher zu bringen? Durch welche Techniken und Maßnahmen lässt sich die Schnittmenge zwischen Zielen und Bedürfnissen bzw. Motiven vergrößern (vgl. Abbildung 19)? Bevor die Übung beschrieben wird, die den Kern dieses Kapitels ausmacht, soll allerdings näher auf den Bereich der Schnittmenge eingegangen werden: Hier liegt die intrinsische Motivation.

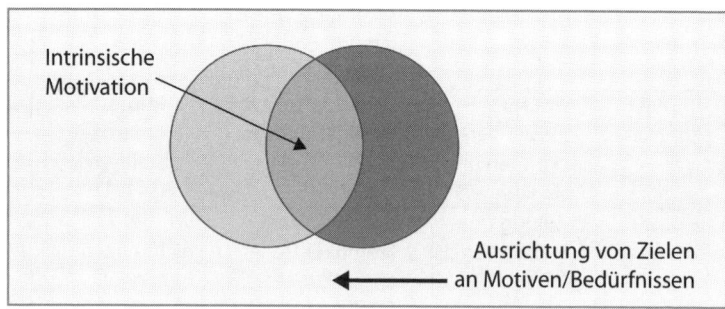

Abb. 19: Steigerung der intrinsischen Motivation

Intrinsische und extrinsische Motivation

In Kapitel 1 wurde auf Seite 23f. bereits dargelegt, dass intrinsische Motivation als ein Zustand zu verstehen ist, in dem Ziele und Motive übereinstimmen. Intrinsische Motivation liegt vor, wenn die Tätigkeit um ihrer selbst willen erfolgt: Inhalt und Ziel der Handlung verschmelzen miteinander (vgl. Heckhausen 1989, Kapitel 15). Indes braucht man nicht notwendig ein konkretes Handlungsziel zu haben, um intrinsisch motiviert sein zu können (vgl. Kehr 2004). Beobachtet man vergnügt spielende Kinder oder sich selbst bei spontanen und lustbetonten Aktivitäten, so wird deutlich, dass auch ziellose Zustände intrinsisch motiviert sein können.

Bei extrinsischer Motivation als dem Antonym zur intrinsischen Motivation erfolgt die Handlung demgegenüber nicht um ihrer selbst willen, sondern um ein außerhalb der Handlung selbst liegendes Ziel zu erreichen (vgl. Deci/Ryan 1985), zum Beispiel um aufzusteigen oder eine Gehaltserhöhung zu erhalten.

Wie wirksam sind intrinsische und extrinsische Motivation im Hinblick auf den Erfolg einer Handlung? Wir haben dazu eine Studie mit Führungskräften durchgeführt, die an einem MbO-Training (MbO = Management by Objectives; Führen durch Zielvereinbarung) teilgenommen haben (Sokolowski/Kehr 1999). Grob gesagt sollen die Teilnehmer von MbO-Trainings lernen, mit ihren Mitarbeitern spezifische Ziele zu vereinbaren, die diese dann eigenverantwortlich erreichen sollen.

Übung

Bevor Sie weiterlesen, denken Sie nochmals an die großen drei Motive: Anschluss-, Macht- und Leistungsmotiv. Was tippen Sie, welches dieser drei Motive wird wohl durch ein MbO-Training am stärksten angesprochen? Bitte kreuzen Sie dieses Motiv an:

Anschlussmotiv	
Machtmotiv	
Leistungsmotiv	

In einem MbO-Training geht es nicht darum, seine Mitarbeiter möglichst gut kennen zu lernen und mit ihnen ein freundschaftliches Verhältnis aufzubauen (das würde dem Anschlussmotiv entsprechen), noch sollen die Führungskräfte lernen, sich selbst schwierige Ziele zu setzen und diese dann bestmöglich zu erreichen (hier würde das Leistungsmotiv angesprochen werden). Vielmehr sollen die Führungskräfte in die Lage versetzt werden, ihre Mitarbeiter zugunsten der Unternehmensziele zu *beeinflussen*. Dies entspricht am ehesten dem Machtmotiv, weshalb die Vermutung bestand, dass sich vor allem machtmotivierte Führungskräfte von einer solchen Trainingsmaßnahme angesprochen fühlen dürften. In der Tat zeigte diese Studie, dass machtmotivierte Führungskräfte das im MbO-Training Gelernte

- *wichtiger* finden (im Sinne von extrinsischer Motivation) und
- *lieber* umsetzen (im Sinne von intrinisischer Motivation).

Besonders interessant schien, dass allein die intrinsische Motivation, also die erwartete Freude beim Trainingstransfer, eine positive Wirkung auf den Trainingserfolg hatte. Die extrinsische Motivation, also die empfundene Wichtigkeit und der ausdrückliche Wille, das Gelernte umzusetzen, bewirkte dagegen nichts!

Dieses Ergebnis mag auf den ersten Blick überraschen. Schließlich wäre doch im umgekehrten Falle zu erwarten, dass ein Trainingsteilnehmer, der das Training als unwichtig für seine Ziele beurteilt (niedrige extrinsische Motivation), das Gelernte auch nicht umsetzen wird. Wir vermuten, dass dieser Einwand deshalb nicht trägt, weil ein solcher Fall nicht oder nur sehr selten eingetreten sein dürfte: Alle teilnehmenden Führungskräfte wussten, wie wichtig es war, die neuen Führungsmethoden zu implementieren. Das hatten ihnen Trainer und Vorgesetzte wohl auch nachdrücklich empfohlen. Vom »Kopf« her waren sich also alle über die Bedeutung des Trainings einig. Unterschiede ergaben sich erst bei der intrinsischen Motivation, also der Frage, ob man das, was man als wichtig erachtet, außerdem auch gerne tut, ob es einem liegt. Und gerade dieser Faktor – der »Bauch« – war hier offenbar kritisch für den Trainingserfolg.

Wer intrinsisch motiviert ist, kommt ohne große Willensanstrengung aus, ist weniger abgelenkt oder verleitet, sich anderen (vielleicht ebenfalls wichtigen) Dingen zu widmen. Er bleibt deshalb besser bei der Sache und braucht dabei nicht gegen innere Widerstände anzukämpfen, sondern kann sich mit voller Kraft seiner Aufgabe widmen.

Die Einschätzung, dass intrinsische Motivation Leistung und Zufriedenheit fördert, extrinsische Motivation dagegen nicht, wird in der Literatur geteilt. Überdies gibt es deutliche Anzeichen dafür, dass intrinsische Motivation durch extrinsische Motivation *beeinträchtigt* werden kann (Deci u.a. 1999). Man bezeichnet dies üblicherweise als »Korrumpierungseffekt«.

 Ein Beispiel für den Korrumpierungseffekt wäre, wenn ein Kind für eine Tätigkeit, die es anfangs gerne und ungefragt ausübt (zum Beispiel mit Puppen spielen), mit einem Male eine Belohnung für das Spielen erhält (zum Beispiel Süßigkeiten oder Geld). Bleibt die (an sich überflüssige) Belohnung irgendwann aus, dann wird das Kind sein Spiel nicht weiter fortsetzen.

In Wirtschaftsorganisationen gibt es einige Bereiche, in denen Korrumpierungseffekte zu vermuten sind, man denke etwa an die im Rahmen des betrieblichen Vorschlagswesens gezahlten Geldprämien. Sprenger (2000) hat viele solcher Beispiele aufgezeigt und wohl zu Recht kritisiert (»Mythos Motivation«). Belohnungen, einmal eingesetzt, lassen sich nicht ohne weiteres wieder absetzen (s.o. das Beispiel mit dem Puppenspiel). Außerdem können Belohnungen wie Geld- oder Sachprämien verschiedene andere Funktionen erfüllen, auf die sich schlecht verzichten lässt: Sie sind Symbol für Anerkennung oder Wertschätzung, schaffen soziale Differenzierung etc.

Andererseits zeigt die Forschung, dass der Korrumpierungseffekt keineswegs immer auftritt und sich manchmal sogar in sein Gegenteil verkehrt: Eine bestehende intrinsische Motivation kann durch zusätzliche extrinsische Motivation verstärkt werden, nämlich dann, wenn es gelingt, die bestehende Übereinstimmung von Motiven und Zielen nicht zu zerstören, sondern zu vergrößern (vgl.

Kehr 2004). Bildlich gesprochen würde dies bedeuten, die Belohnung so zu platzieren, dass sie genau in den Bereich der Schnittmenge fällt (vgl. Abbildung 18 auf S. 128).

 Ein Beispiel dafür wäre, einen Schüler, der an sich gerne in den Geschichtsunterricht geht, dadurch weiter anzuspornen, dass ihm versprochen wird, bei einem erfolgreichen Resultat die Schauplätze der in den Büchern beschriebenen Meucheleien und Schlachten besuchen zu dürfen.

Exkurs: Intrinsische und extrinsische Motive

Die Frage, ob es intrinsische und extrinsische Motivation gibt, ist fein von der Frage zu unterscheiden, ob es intrinsische und extrinsische Motive gibt. Einige Forscher haben sich damit beschäftigt, ob es bestimmte Motive gibt, die regelmäßig zu intrinsischer Motivation führen (»intrinsische Motive«), und andere, die regelmäßig zu extrinsischer Motivation führen (»extrinsische Motive«).

Ein früher solcher Ansatz, der gerade in der Praxis eine weite Verbreitung gefunden hat, ist die so genannte Zweifaktorentheorie von Herzberg (Herzberg u.a. 1959). Obwohl die Zweifaktorentheorie im engeren Sinne als eine Theorie der Arbeitszufriedenheit konzipiert worden ist, wird sie häufig als eine generelle Motivationstheorie behandelt. Es werden zwei verschiedene Klassen von Anreizen unterschieden: »Hygiene-Faktoren« (der Begriff leitet sich aus der Medizin ab: Hygiene soll dazu dienen, schädigende Einflüsse abzuhalten) und »Motivatoren«. Während Hygiene-Faktoren verhindern, dass Unzufriedenheit entsteht, können Motivatoren dazu beitragen, Zufriedenheit zu erzeugen. Abbildung 20 verdeutlicht diesen Unterschied.

Herzberg et al. (1959) nennen folgende Hygiene-Faktoren:

- Führungsstil,
- Unternehmenspolitik und -verwaltung,
- Arbeitsbedingungen,
- Beziehungen zu Gleichgestellten,
- Beziehungen zu Unterstellten,
- Beziehungen zu Vorgesetzten,

- Status,
- Arbeitssicherheit,
- Gehalt und
- persönliche berufsbezogene Lebensbedingungen.

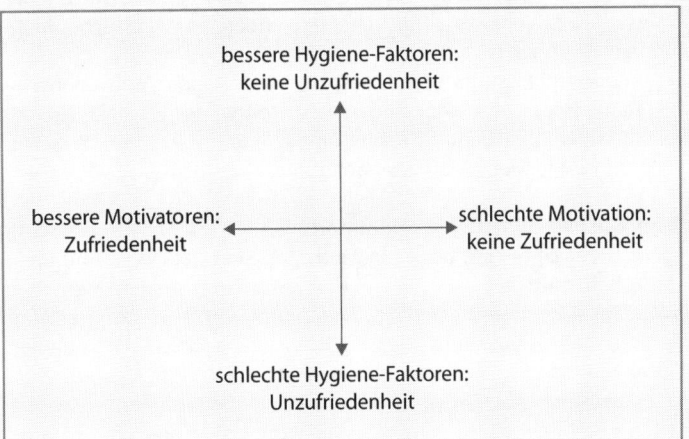

Abb. 20: Die Wirkung von Hygiene-Faktoren und Motivatoren auf Unzufriedenheit und Zufriedenheit

Bei der Betrachtung dieser Punkte wird deutlich, dass Hygiene-Faktoren nicht den Arbeitsinhalt und die Tätigkeit selbst betreffen (das wäre intrinsische Motivation), sondern eher Randbedingungen und außerhalb der Tätigkeit selbst liegende Ziele (und deshalb zu extrinsischer Motivation führen). Demgegenüber werden die folgenden Motivatoren genannt:

- Leistung,
- Anerkennung,
- Arbeit selbst,
- Verantwortung,
- Aufstieg und
- Möglichkeit zum Wachstum.

Diese Motivatoren betreffen den Autoren zufolge eher den Arbeitsinhalt selbst. Deshalb sollten sie vor allem intrinsische Motivation anregen.

Wie lässt sich die Zweifaktorentheorie von Herzberg mit dem hier vertretenen Schnittmengenmodell von Motivation und Volition vereinbaren (vgl. Kapitel 1)?

- Einerseits scheint die Annahme grundsätzlich plausibel, dass manche Anreize eher zu intrinsischer und andere zu extrinsischer Motivation führen.
- Andererseits ist aufgrund des hier vertretenen Motivationsverständnisses nicht unbedingt nachzuvollziehen, weshalb ein bestimmter Anreiz (zum Beispiel Anerkennung) bei allen Menschen intrinsische Motivation erzeugen sollte.

Zum Beispiel dürften machtmotivierte Menschen auf Anerkennung (gemäß der Einteilung oben ein Motivator) stark reagieren und dann intrinsisch motiviert sein, während Anerkennung andere Menschen völlig kalt lässt oder bestenfalls eine extrinsische Motivation erzeugt (»Etwas mehr Anerkennung wäre gut für meine Ziele …«). In diesem Zusammenhang ist auch fraglich, ob Aufstieg (ein Motivator, s.o.) wirklich zu intrinsischer Motivation führt oder ob die Beziehungen zu Kollegen und Mitarbeitern (ein Hygiene-Faktor, s.o.) wirklich nur extrinsische Motivation anregen. Bei anschlussmotivierten Personen sollte doch gerade dieser Faktor intrinsische Motivation erzeugen.
Dies verallgemeinernd hängt also der Umstand, ob intrinsische oder extrinsische Motivation entsteht, nicht allein von bestimmten Qualitäten der Anreizbedingungen ab, sondern immer von der Wechselwirkung mit den jeweiligen Motivkonstellationen, mit denen diese zusammentreffen (vgl. Abb. 1 auf S. 18).

Flowerleben

Auf den Zustand des Flowerlebens als einem Spezialfall intrinsischer Motivation wurde bereits kurz in Kapitel 1, S. 23f., eingegangen: Flow wird als völliges Versunkensein, als Einssein mit der Tätigkeit beschrieben. Die Zeit vergeht wie im Fluge, und man denkt nicht darüber nach, wie man nach außen hin dabei wirkt.

Übung

Können Sie sich an eine Situation erinnern, in der Sie so etwas wie Flow erlebt haben? Beschreiben Sie diese Situation möglichst genau. Wie haben Sie sich in diesem Moment gefühlt?

....

....

....

....

....

....

....

Flow kann etwa beim Tanzen oder Schachspielen entstehen, aber auch bei riskanten Sportarten wie Motorrad fahren, Surfen oder Bergklettern (Csikszentmihalyi 1990; Rheinberg 1989, 1996). Andererseits kann es auch in Alltagssituationen zu Flowerlebnissen kommen, die dann allerdings oft weniger lang anhalten (Csikszentmihalyi/LeFevre 1989) – man spricht hier von »Mikro-Flow«.

Csikszentmihalyi (1990) zufolge liegen die Voraussetzungen für Flow in erster Linie darin, dass die Kompetenzen einer Person in optimaler Weise den Herausforderungen entsprechen, die sich dieser Person stellen (vgl. Abbildung 21 auf Seite 146). Bei Überforderung reagieren Menschen demgegenüber mit Angst und Hilflosigkeit, bei Unterforderung mit Langeweile.

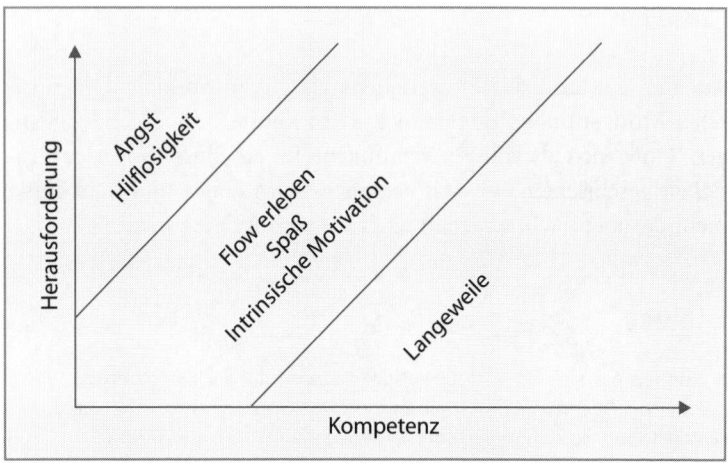

Abb. 21: *Flow als optimale Passung von Kompetenz und Herausforderung (nach: Csikszentmihalyi/Rathunde 1993 und Schneider/Schmalt 2000)*

Aber selbst bei einer optimalen Passung von Kompetenz und Herausforderung würde sich Flow indes wohl kaum einstellen,

- wenn die Tätigkeit den aktuell verfolgten Zielen widerspricht oder
- wenn sie nicht durch die gerade angeregten Bedürfnisse und Motive unterstützt wird.

 Wenn man zum Beispiel gerade Tennis spielt und in Flow geraten ist, wird man aus diesem Zustand herausgerissen, wenn entweder der eher zufällige Blick auf die Uhr anzeigt, dass ein wichtiger Termin ansteht (hier besteht ein Widerspruch mit dem aktuellen Ziel), oder wenn einem auffällt, wie sich gerade neue, interessant wirkende Klubmitglieder auf dem Nachbarplatz warm spielen (hier werden neue Motive angeregt).

Insofern ist es eine weitere Voraussetzung für Flowerleben, dass die Tätigkeit 1. den aktuellen Bedürfnissen und Motiven entspricht und dass ihr 2. keine anders lautenden Ziele entgegenstehen (vgl.

Kehr 2004). Es kommt deshalb nur dann zum Flowerleben, wenn die Tätigkeit intrinsisch motiviert ist. Umgekehrt ist Flowerleben wiederum ein zuverlässiger Indikator dafür, dass man in diesem Moment intrinsisch motiviert ist.

»Bauch«-Gefühle

Intrinsische Motivation lässt sich also nur dann erreichen, wenn »Bauch« und »Kopf« übereinstimmen. Nun stellt sich die Frage, durch welche Mechanismen sich dieser Zustand herstellen lässt.

Um die Schnittmenge in der Abbildung 19 auf S. 138 zu vergrößern, ist daran zu denken, den »Bauch«-Bereich auf den »Kopf«-Bereich zuzubewegen. Allerdings wurden in Kapitel 3 die praktischen und ethischen Bedenken, die gegen eine solche Änderung von Motiven sprechen, aufgezeigt. Deshalb soll hier der umgekehrte Weg beschritten und versucht werden, Ziele und Handlungspläne an den bestehenden Motiven und Bedürfnissen auszurichten und auf diese Weise eine bessere Übereinstimmung von »Kopf« und »Bauch« zu erreichen. Hier soll also der »Bauch« eine wichtige Rolle übernehmen.

Übung

Haben Sie in der Vergangenheit schon einmal eine wichtige Entscheidung »aus dem Bauch heraus« getroffen? Was war das für eine Entscheidung? Können Sie sich daran erinnern, wie Sie dabei konkret vorgegangen sind?

....

....

....

....

....

....

Auf diese Frage wird oft geantwortet, dass man erst einmal darüber geschlafen hat. Dem Überschlafen dürfte dabei eine zweifache Funktion zukommen. Zum einen lässt sich so ein wenig Abstand gewinnen: Starke Gefühle, die möglicherweise durch die Wichtigkeit der Entscheidung erregt worden sind, werden abgekühlt. Man erhält wieder einen klaren Kopf. Zum anderen ist der Schlaf weniger als unser waches Bewusstsein der verstandesgemäßen Kontrolle unterworfen. Nachts findet eine vorwiegend gefühlsmäßige Verarbeitung der unverarbeiteten Themen des Tages statt. Wenn man eine Nacht über eine Entscheidung geschlafen hat, dann kann es sein, dass man es beim Aufwachen plastisch vor Augen sieht, für welche Alternative die Entscheidung ausfallen sollte.

Exkurs: Analytische und erfahrungsbasierte Informationsverarbeitung

Der Mensch verfügt über verschiedene Möglichkeiten, Informationen zu verarbeiten. Man vermutet, dass sich die menschliche Informationsverarbeitung in zwei unterschiedlichen Systemen abspielt (Epstein/Pacini 1999): Bei dem einen handelt es sich um ein analytisches System, bei dem anderen um ein System, das auf Erfahrungen basiert. (Man beachte, dass sich die Metapher von »Kopf« und »Bauch« hier ein weiteres Mal bewährt.)

Das analytische System (der »Kopf«) bedient sich des Bewusstseins. Durch bewusstes Nachdenken lassen sich einzelne Aspekte einer Situation oder eines Problems sehr genau durchdringen. Dafür können immer nur wenige Aspekte der Situation oder des Problems zugleich bedacht werden. (Man spricht von der »Enge des Bewusstseins«.) Außerdem ist die bewusste Verarbeitung serieller Natur und dabei verhältnismäßig langsam.

Das erfahrungsbasierte System (der »Bauch«) dagegen operiert im Unbewussten. Die unbewusste und primär auf Assoziationen basierende Verarbeitung bedient sich einer parallelen Verschaltung. Im Vergleich zur bewussten Verarbeitung gestattet dies, mehr Information in schnellerer Zeit zu verarbeiten. Auf diese Weise entstehen ganzheitliche Stimmungsbilder, mit denen sich eine Situation oder eine Entscheidungsalternative beurteilen lassen.

Es lohnt sich also, den »Bauch« (gemeint ist: das erfahrungsbasierte System) stärker in Entscheidungen mit einzubeziehen.

Übung: Fallbeispiel

Zu Beginn dieses Buches wurde gesagt, dass man »Kopf« und »Bauch« erst einmal möglichst gut kennen sollte, bevor man sich daran macht, hier etwas zu verändern. Das ist sicherlich richtig. Dennoch, selbst im ungünstigen Falle, wenn man nichts oder wenig über seinen »Bauch«-Bereich weiß, kann man versuchen, seine Ziele so zu wählen, dass sie mit dem »Bauch« übereinstimmen. Die Frage ist: Wie?

Nehmen Sie also an, Sie haben eine wichtige Entscheidung zu treffen, etwa die Entscheidung, ob Sie für einen Weltkonzern oder für ein kleineres, familiengeführtes Unternehmen arbeiten möchten. Zwei attraktive Angebote liegen Ihnen vor. Sie haben angestrengt über die Entscheidung nachgedacht und bereits eine Nacht darüber geschlafen, aber beides ohne Ergebnis. Dennoch möchten Sie die Entscheidung möglichst so treffen, dass sie auch durch Ihre »Bauch«-Gefühle getragen wird.

Nehmen Sie ferner an, Sie wüssten nichts über Ihren »Bauch«-Bereich, Ihre unbewussten Motive und tieferen Bedürfnisse wären Ihnen weitgehend unbekannt. Wie würden Sie an die gestellte Aufgabe herangehen?

....

....

....

....

....

....

....

....

....

....

....

Selbst wenn der Bereich der unbewussten Motive und tiefer liegenden Bedürfnisse unbekannt sein sollte, lässt sich doch auch mit diesem unbekannten Bereich kommunizieren. Der »Bauch«-Bereich verfügt über eine eigene Sprache: Seine Sprache sind die Emotionen, die er erzeugt und aussendet. Um den im »Bauch« gesammelten Erfahrungsschatz für eine anstehende Entscheidung »anzuzapfen«, ist entsprechend auf die Emotionen zu achten, mit denen der »Bauch« die vorliegenden Alternativen bewertet (vgl. Bargh/Barndollar 1996). Diese Emotionen lassen sich dann als Entscheidungshilfe und als »Wegweiser« bei der weiteren Handlungsplanung verwenden (vgl. Rheinberg 1989; Schultheiss/Brunstein 1999).

Um die oben gestellte Aufgabe zu lösen, kann man sich deshalb versuchen vorzustellen, wie man sich bei den beiden Alternativen jeweils fühlen würde, und seine Entscheidung in Übereinstimmung mit den dabei entstehenden Gefühlen treffen. Dies ist allerdings manchmal leichter gesagt als getan und außerdem nicht ohne Risiko. »Bauch«-Gefühle können nämlich auf die unterschiedlichsten Reize reagieren, und wenn diese Reize nicht wirklich relevant sind, lässt sich der »Bauch« leicht in die Irre führen. Das sei an dem Fallbeispiel von oben veranschaulicht. Es könnte sein, dass der »Bauch« auf die Vorstellung, für einen Weltkonzern zu arbeiten, ausgesprochen positiv reagiert. Mit dieser Vorstellung verbinden sich möglicherweise Assoziationen wie gute Aufstiegsmöglichkeiten, moderne Führungsmethoden, internationales Parkett, Flexibilität etc. Bei der Vorstellung eines Familienunternehmens dagegen entstehen vielleicht Bilder wie erstarrte Strukturen, unprofessionelle Führungsmethoden, räumliche Gebundenheit, Stagnation der Karriere etc. Hier würde die gefühlsmäßige Entscheidung deshalb deutlich für den Weltkonzern ausfallen.

Zu einem unangenehmen Erwachen könnte es allerdings kommen, wenn die Realität am Ende doch ganz anders aussähe: Im Weltkonzern sind Aufstiegsmöglichkeiten dem Lean Management zum Opfer gefallen, moderne Führungstechniken dem Cost controlling gewichen, häufige Dienstreisen gefährden den Familienfrieden und Flexibilität steht nur auf dem Papier usw. Vielleicht hätte die Realität des familiengeführten Mittelständlers dagegen gezeigt, dass hier entgegen der Erwartungen doch Kreativität, Spontaneität und Innovationsstärke gefragt sind, die im Sinne von Intrapreneurship eigenverantwortlich umgesetzt werden können, was durch die kurzen Entscheidungswege erleichtert wird usw. Kurzum: Wenn sie nicht in die richtigen Kanäle gelenkt werden, lassen sich »Bauch«-Gefühle leicht verleiten. Es entstehen Zerr- oder Wunschbilder, auf die eine Entscheidung zu gründen riskant wäre.

Die Übung auf Seite 153ff. bezweckt deshalb, die besondere Stärke des »Kopfes«, Situationen, Handlungen und ihre Folgen zu strukturieren und zu analysieren, mit der besonderen Stärke des »Bauches«, Situationen und Handlungsoptionen durch »Bauch«-Gefühle zu bewerten und ganzheitliche Stimmungsbilder abzugeben, zu verbinden.

Visualisierungsübung zur Förderung intrinsischer Motivation

Die nachfolgend beschriebene Übung, die an die Arbeiten von Schultheiss und Brunstein (1999) angelehnt ist, basiert auf Techniken zur mentalen Simulation. Es handelt sich um eine Visualisierungsübung, mit der Sie Ihre Emotionen als Wegweiser für Entscheidungen und zur Planung schwieriger Handlungen nutzen können.

Prinzipiell hat diese Übung zwei Verwendungsmöglichkeiten: Sie lässt sich entweder als *Entscheidungshilfe* (als solche wurde sie angekündigt) oder als *Planungshilfe* für ein vorab bestimmtes Projekt nutzen. Der Unterschied besteht darin, dass bei der ersten Variante zwei Alternativen vorliegen, die aufgeschlüsselt und imaginiert werden sollen, während es bei der zweiten Variante nur eine »Alternative« gibt, also nur ein bestimmtes Projekt, welches analysiert und visualisiert wird. Folgende Gründe sprechen für die zweite Variante:

- Eine zweimalige Anweisung für dieselbe Übung würde zu viel Platz beanspruchen.
- Die Trainingserfahrungen zeigen, dass keineswegs alle Menschen an einer für sie wichtigen Entscheidungssituation stehen,

die sich hier für Übungszwecke eignen würde. Bisher ist es aber allen Trainingsteilnehmern gelungen, ein für sie wichtiges Projekt zu finden, für das sich diese Übung lohnt.

● Jeder, dem die Übung etwas gebracht hat, kann sie jederzeit auch für eine zweite Alternative durchspielen.

Falls Sie diese Übung aber dazu nutzen möchten, eine bestimmte Entscheidung zu treffen, dann führen Sie die Übung für jede sinnvolle Alternative, die Sie haben, gesondert durch.

Die Übung besteht aus drei Teilen. Im ersten Teil arbeiten Sie vorwiegend mit dem »Kopf« und analysieren ein bestimmtes Projekt und die Konsequenzen, die sich daraus für Sie ableiten. Im zweiten Teil wird dann der »Bauch« zugeschaltet, um mit Hilfe der Visualisierung ein differenziertes Stimmungsbild für dieses Projekt zu erzeugen. Im dritten Teil, der in Kapitel 7 beschrieben ist, wird dann wiederum auf den »Kopf« umgeschaltet, der die bei der Imagination entstandenen Gefühle auswertet und für die weitere Handlungsplanung nutzbar macht. Diese Übung braucht Zeit:

● Teil 1: Vorbereitung und Analyse (20 bis 30 Minuten);
● Teil 2: Visualisierung (30 bis 40 Minuten);
● Teil 3: Auswertung und Nachbereitung (20 bis 40 Minuten).

Die einzelnen Teile brauchen allerdings nicht unbedingt an einem Stück durchgeführt zu werden. Den Hauptteil der Übung, die Visualisierung, sollten Sie nach Möglichkeit mit einer *zweiten Person* gemeinsam durchführen, die Sie durch die Übung leiten, mit Fragen unterstützen und Ihr »lautes Denken« mitschreiben kann (als Variante können Sie auch ein Diktiergerät verwenden). Auch im dritten Teil der Übung (vgl. Kapitel 7, S. 164ff.) hat es sich bewährt, zur Analyse und Umsetzung der gewonnenen Erkenntnisse eine oder mehrere Personen hinzuzuziehen.

Übung: Visualisierung zur Förderung intrinsischer Motivation

Bevor Sie mit der Übung beginnen, lesen Sie sich bitte zur Orientierung die Übungsschritte 1 bis 6 durch.

1. Schritt: Denken Sie an ein Projekt oder eine Handlungsabsicht, die Ihnen zwar wichtig ist, die Sie zugleich aber auch für ambivalent halten, bei der Sie also ein »ungutes Gefühl im Bauch« verspüren. Suchen Sie sich also weder eine Absicht, die Ihnen auf jeden Fall gelingen und Spaß machen wird, noch eine, die ohnehin zum Scheitern verurteilt ist. Der Planungshorizont sollte zwischen einem und sechs Monaten liegen. Vermeiden Sie es, eine rein fiktive oder bereits realisierte Absicht zu wählen (in beiden Fällen würde die Übung nichts bringen). Außerdem sollte es sich aus den oben genannten Gründen nicht um ein noch offenes Entscheidungsproblem handeln. (Beispiel für eine solche ambivalente Absicht: sich auf einen Marathon vorbereiten.)

Meine ambivalente Absicht ist:

....

....

....

2. Schritt: Zerlegen Sie die gesamte Absicht in mehrere sinnvolle Einheiten (Handlungsschritte oder Situationen, die bei der Realisierung dieser Absicht entstehen können). Insgesamt sollten das 5 bis 10 Handlungsschritte sein. Sie sollten weder zu spezifisch (ein bestimmtes Telefonat führen) noch zu allgemein sein (die erste Etage des Hauses bauen). Schreiben Sie diese Handlungsschritte in die linke Spalte der Tabelle auf der nächsten Seite.
Möglicherweise fallen Ihnen zu einzelnen Schritten auch alternative Vorgehensweisen ein. Falls es sinnvolle Alternativen zu den einzelnen Schritten gibt, so schreiben Sie diese bitte in die rechte Spalte. (Beispiele für Handlungsschritte beim Marathon: Fitnesstest absolvieren; Trainingsplan erstellen; Trainingspartner suchen; Trainingszeiten mit Beruf und Familie koordinieren; Beginn des Trainingsprogramms; regelmäßige Fitnesschecks; Vorbereitungsrennen; Marathon. Beispiele für Alternativen: statt mit Partner alleine trainieren; Beginn des Trainingsprogramms in einer Gruppe; Verzicht auf Vorbereitungsrennen.)

Handlungsschritte	Alternativen

3. Schritt: Überprüfen Sie, ob diese Liste vollständig ist. Ergänzen Sie ggf. die fehlenden Punkte. Wenn Sie bei dieser Übung mit einem Partner zusammenarbeiten, sollten Sie ihm nun in aller Ruhe die einzelnen Handlungsschritte, die Sie aufgeschrieben haben, erläutern.

4. Schritt: Bevor Sie weiter mit der Übung fortfahren, sollten Sie entspannt und konzentriert sein. Suchen Sie sich einen ruhigen Ort, an dem Sie nicht gestört oder abgelenkt werden. Führen Sie zunächst eine Atemübung (s. S. 106) zum Zentrieren durch.

5. Schritt: Gehen Sie der Reihe nach die einzelnen Handlungsschritte vor Ihrem geistigen Auge durch. Schließen Sie die Augen, wenn es Ihnen dadurch leichter fällt. Nehmen Sie sich zunächst den ersten Handlungsschritt vor. Malen Sie sich möglichst plastisch aus, wie Sie vorgehen werden. Wie sieht der Raum aus, in dem Sie sein werden? Mit welchen Leuten werden Sie zu tun haben? Was werden Sie diesen Personen sagen und wie werden sie reagieren?

6. Schritt: Während Sie visualisieren teilen Sie Ihrem Partner die Gedanken, die Ihnen durch den Kopf gehen, und vor allem die Gefühle, die dabei entstehen, mit (»lautes Denken«). Versuchen Sie dabei, die Gefühle in Worte zu fassen. Ihr Partner sollte das in Stichworten aufzeichnen. Bevor Sie zum nächsten Handlungsschritt weitergehen, geben Sie bitte auf einer Stimmungsskala (von 1 bis 10) an, ob die Gefühle, die Sie empfinden, eher negativ oder positiv sind. Allerdings sollten Sie die Schilderung Ihrer Gefühle nicht auf eine Zahl zwischen 1 und 10 beschränken (»Ich fühle mich so 8«). Falls Sie Schwierigkeiten bei der Benennung Ihrer Gefühle haben, empfiehlt sich langfristig die Übung zum Erkennen der eigenen Emotionen (s. S. 102).

Wichtig ist, dass Ihr Übungspartner möglichst passiv bleibt und sich auf seine Zuhörerrolle beschränkt, während Sie aktiv visualisieren. Das erleichtert, dass beim Visualisieren wirklich eine Bilderfolge entsteht.

Gehen Sie so der Reihe nach sämtliche Handlungsschritte (gegebenenfalls auch die Alternativen) durch. Lassen Sie dabei nach Möglichkeit Bilder entstehen.

Handlungsschritte	☹	☺	☺
1. Gedanken .... Gefühle		1 2 3 4 5 6 7 8 9 10	
2. Gedanken .... Gefühle		1 2 3 4 5 6 7 8 9 10	
3. Gedanken .... Gefühle		1 2 3 4 5 6 7 8 9 10	
4. Gedanken .... Gefühle		1 2 3 4 5 6 7 8 9 10	
5. Gedanken .... Gefühle		1 2 3 4 5 6 7 8 9 10	
6. Gedanken .... Gefühle		1 2 3 4 5 6 7 8 9 10	

Handlungsschritte	☹	😐	☺
7. Gedanken .... Gefühle			1 2 3 4 5 6 7 8 9 10
8. Gedanken .... Gefühle			1 2 3 4 5 6 7 8 9 10
9. Gedanken .... Gefühle			1 2 3 4 5 6 7 8 9 10
10. Gedanken .... Gefühle.......................................			1 2 3 4 5 6 7 8 9 10

Alternativen	☹	😐	☺
1. Gedanken .... Gefühle			1 2 3 4 5 6 7 8 9 10
2. Gedanken .... Gefühle			1 2 3 4 5 6 7 8 9 10
3. Gedanken .... Gefühle			1 2 3 4 5 6 7 8 9 10
4. Gedanken .... Gefühle			1 2 3 4 5 6 7 8 9 10

Alternativen	☹	😐	☺
5. Gedanken .... Gefühle		1 2 3 4 5 6 7 8 9 10	
6. Gedanken .... Gefühle		1 2 3 4 5 6 7 8 9 10	
7. Gedanken .... Gefühle		1 2 3 4 5 6 7 8 9 10	
8. Gedanken .... Gefühle		1 2 3 4 5 6 7 8 9 10	
9. Gedanken .... Gefühle		1 2 3 4 5 6 7 8 9 10	
10. Gedanken .... Gefühle		1 2 3 4 5 6 7 8 9 10	

Betrachtet man anschließend die ausgefüllte Tabelle, sieht man in aller Regel klarer. »Kopf« und »Bauch« haben sich mit dem Projekt auseinandergesetzt. Üblicherweise hat das bereits einen motivierenden Effekt: Man erkennt, dass das, was vorher diffuse Gefühle ausgelöst hat, gar nicht so schlimm ist oder sich auf einzelne Passagen beschränkt. Es überwiegen zumeist diejenigen Handlungsschritte, die angenehme Gefühle ausgelöst haben. Aber auch wenn das einmal nicht zutreffen sollte, dürfte die Übung etwas mehr Klarheit gebracht und vielleicht die Notwendigkeit aufgezeigt haben, das Projekt noch einmal kritisch zu überdenken.

Weshalb aber sollte diese Übung die intrinsische Motivation fördern? Was hat sie mit der Überschrift des Kapitels zu tun, in dem
sie steht?

Sie können damit rechnen, dass die meisten Handlungsschritte,
die überwiegend positive Gefühle ausgelöst haben (Werte von 6
und darüber), dies auch später in der Realität tun werden. Wenn also in der Imagination eines Handlungsschrittes positive Emotionen
entstanden sind, so bedeutet dies, dass dieser Handlungsschritt
durch Ihre unbewussten Motive unterstützt wird (vgl. Mellers u.a.
1999). Sie werden deshalb hier voraussichtlich keine inneren Widerstände erleben. Und auch äußere Schwierigkeiten sind eher un-
wahrscheinlich, zumindest solche, die sich aus Ihren bisherigen Erfahrungen irgendwie hätten absehen lassen. Schließlich hätte dies
sonst bei der Visualisierung negative Gefühle ausgelöst. Insofern ist
in der Gesamtbetrachtung die Wahrscheinlichkeit hoch, dass dieser
Handlungsschritt später auch gelingen wird. Generell sind
»Bauch«-Gefühle hervorragende Signale für das spätere Gelingen
oder Misslingen von Absichten.

Dies vorweggeschickt hilft die Visualisierungsübung auf zweier-
lei Weise, man könnte sagen: im Kleinen und im Großen, die intrinsische Motivation zu steigern. Im Kleinen hilft sie, wenn einzelne Handlungsschritte mit ihren Alternativen (falls es welche gegeben hat) verglichen werden. Diejenigen Handlungsschritte, welche
die stärksten angenehmen Gefühle ausgelöst haben, lassen die
stärkste intrinsische Motivation erwarten (Mellers u.a. 1999).

> **Zur Steigerung von intrinsischer Motivation sollte man den Hand-
> lungsverlauf nach Möglichkeit so wählen, dass er diejenigen
> Handlungsschritte enthält, welche die stärksten angenehmen Ge-
> fühle ausgelöst haben.**

Auch im Großen hilft diese Übung, wenn sie nicht wie hier zur Planung nur eines bestimmten Projektes, sonders als Entscheidungshilfe zwischen zwei Entscheidungsalternativen (zum Beispiel Großkonzern oder Mittelständler) verwendet wird. Wenn keine zwin-
genden Argumente dagegen sprechen (und dann wäre es keine

echte Entscheidung mehr), sollte auch hier aus den oben genannten Gründen jene Alternative gewählt werden, die insgesamt betrachtet die stärkeren positiven Gefühle ausgelöst hat. Das bedeutet zugleich, dass Sie sich für die Alternative entschieden haben, die sich am stärksten mit Ihren Motiven und Bedürfnissen überschneidet (vgl. folgende Abbildung).

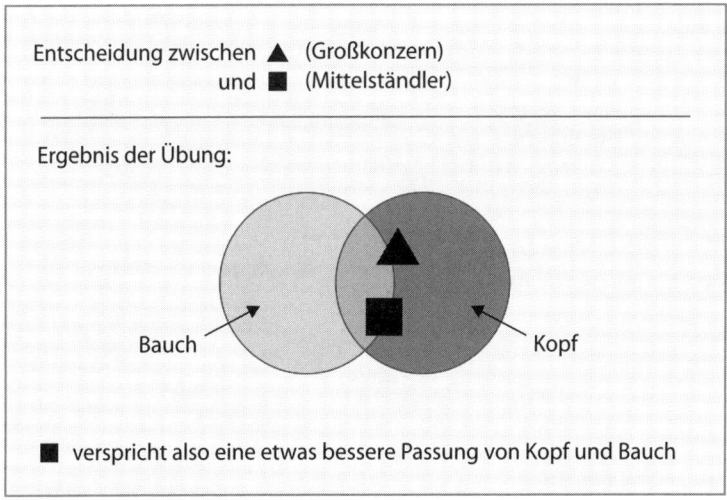

Abb. 22: *Entscheidungssituation am Beispiel Großkonzern versus Mittelständler*

Wenn Sie bei wichtigen Entscheidungen immer dann, wenn es sich anbietet, nach dieser Entscheidungsregel verfahren, werden Sie es erreichen, dass sich Ihre Ziele und Absichten immer stärker mit Ihren Motiven und Bedürfnisse entsprechen. Der »Kopf«-Bereich nähert sich also an den »Bauch« Bereich an, wodurch sich die gemeinsame Schnittmenge vergrößert: Die intrinsische Motivation nimmt zu (vgl. Abb. 19 auf S. 138).

Nun ist es denkbar, dass bei einer wichtigen Entscheidung gerade diejenigen Alternativen, die ihnen besonders liegen, von vornherein ausgeschlossen sind, etwa weil Vorgesetzte oder der situative Rahmen dies nicht zulassen. Denken Sie etwa an eine Situation, in der Ihnen von »oben« ein Cost-cutting-Programm verordnet wurde: Die Kosten sollen um 20 Prozent verringert werden. Vielleicht teilen Sie die dahinter stehende Überlegung, die Produktivität steigern zu müssen, um konkurrenzfähig zu bleiben. Sie persönlich würden indes Output und Umsatz erhöhen wollen (bei gleich bleibenden Kosten), ein Weg, der Ihnen durch die Firmenpolitik jedoch versperrt ist. Funktioniert die Übung auch in einer solchen Situation?

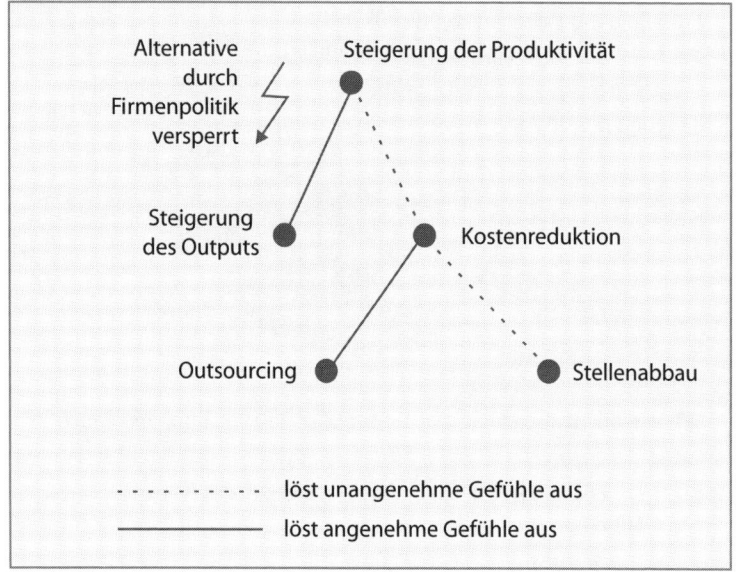

Abb. 23: Alternativensuche im Entscheidungsbaum

Das ist in der Tat der Fall! Auch wenn die oberste Gabel eines solchen Entscheidungsbaumes (vgl. Abbildung 23) versperrt sein sollte, lässt sich immer noch auf die jeweils tiefer liegende Ebene ausweichen und dort wiederum nach derjenigen Entscheidungsalternative suchen, die am stärksten mit den eigenen Bedürfnissen übereinstimmt. Angenommen, Sie haben ein starkes Anschlussmotiv, dann wäre in dem Beispiel etwa daran zu denken, dass Sie die vorgegebene Kostenreduzierung nicht durch Stellenabbau erreichen, sondern durch Outsourcing-Maßnahmen im Bereich von Transport- und Lagerhaltungsaufgaben.

Zusammenfassung

Intrinsische Motivation entsteht im Überschneidungsfeld von »Kopf« und »Bauch«, wenn also Ziele und Motive einer Handlung sich entsprechen. Dieser Zustand ist mit angenehmen Gefühlen verbunden und fördert im Allgemeinen den Erfolg der Handlung. Wenn außerdem eine Passung zwischen Kompetenz und Aufgabenanforderung besteht, kann es zu Flowleben kommen, dem Gefühl, mit seiner Tätigkeit zu verschmelzen.

Um seine intrinsische Motivation zu steigern sollte man sich bei der Bildung von Zielen oder wichtigen Entscheidungen an den eigenen Motiven und Bedürfnissen orientieren. Dazu lohnt es sich, den »Bauch« (genau gesagt: das erfahrungsbasierte System) »anzuzapfen«: »Bauch«-Gefühle eignen sich gut für die Prognose, ob eine Handlung gelingen wird.

Die dazu empfohlene Übung lässt sich als Planungs- oder als Entscheidungshilfe verwenden. Sie verbindet die besondere Stärke des »Kopfes« (vertiefende Problemanalyse) mit der besonderen Stärke des »Bauches« (erfahrungsbasierte, ganzheitliche Situationsdiagnose). Im Wesentlichen wird dabei ein Projekt zunächst in einzelne, relevante Teilschritte zerlegt, die dann vor dem inneren Auge ausgeführt (visualisiert) werden. Die dabei entstehenden Gefühle werden notiert und dienen als Richtschnur für die weitere Planung.

Im Ergebnis erleichtert es diese Übung, bei der Auswahl von Alternativen und bei der Planung von Handlungsverläufen eine maximale Unterstützung durch Motive und Bedürfnisse zu erreichen: Die Schnittmenge von »Kopf« und »Bauch« vergrößert sich.

Vielleicht sind aber bei der Visualisierung negative Emotionen entstanden. Solche negativen Emotionen sind als Warnsignale für drohende Handlungsbarrieren zu verstehen. Das folgende Kapitel zeigt auf, wie dieser Gefahr am besten zu begegnen ist.

Kapitel 7:
Handlungsbarrieren überwinden

Dieses Kapitel kommt ohne lange theoretische Erörterungen aus. Es dürfte auf der Hand liegen, dass Handlungsbarrieren den Erfolg einer Handlung gefährden können. Auch auf die Unterscheidung zwischen inneren Handlungsbarrieren (zu deren Überwindung Willensstrategien benötigt werden) und äußeren Handlungsbarrieren (die sich durch Problemlöseaktivitäten bewältigen lassen) wurde an früherer Stelle (Kapitel 4) bereits ausführlich eingegangen.

Negative Emotionen als Warnsignale erkennen

Es geht vielmehr um die praktischen Schwierigkeiten, die sich bei der im vorhergehenden Kapitel beschriebenen Übung ergeben können. Was, wenn hier unangenehme Gefühle entstanden sind, die sich nicht einfach verleugnen lassen? Aversive Emotionen zeigen an, dass bei der Annäherung von »Kopf« und »Bauch« Schwierigkeiten zu erwarten sind: Offenbar kommt es beim Versuch, den »Kopf« in Richtung des »Bauches« zu verschieben, an bestimmten Stellen zu Reibungen.

Wenn negative Emotionen bei der Visualisierungsübung aus Kapitel 6, S. 153ff., entstanden sind, gibt es zwei Wege, mit ihnen umzugehen, die gleichermaßen falsch sind (und doch oft beschritten werden). Manche Menschen sagen sich: »Negative Gefühle? Da lasse ich es doch besser gleich!« Eine solch vorschnelle Aufgabe des Zieles dürfte allerdings dazu führen, dass viele anspruchsvolle Aufgaben nicht angegangen werden, und deshalb langfristig von Nachteil sein.

Gerade Führungskräfte gehen deshalb häufig einen anderen Weg. Sie sagen: »Negative Gefühle? Unsinn! Das werde ich schon schaffen!«, und fangen erst einmal an, was sicherlich besser ist, als es erst gar nicht zu versuchen. Die ersten Handlungsschritte bereiten vielleicht noch Vergnügen – sie waren auch schon positiv visualisiert worden. Dann geraten sie an die Stelle, die schon in der Visualisierung »Bauchschmerzen« bereitet hat. Die Gefahr ist groß, dass sie ihren Plan genau an dieser Stelle »erst einmal« unterbrechen, um sich einer anderen wichtigen Angelegenheit zu widmen oder um die vielen Dinge zu erledigen, die das Tagesgeschäft mit sich bringt. Je länger die Unterbrechung dauert, desto größer wird der »Berg«, den sie vor sich sehen. Aber es gibt ja anderes, das zu erledigen ist … Letztlich ist die Wahrscheinlichkeit sehr hoch, dass der Plan just an der Stelle scheitert, an der sich bereits bei der Visualisierung negative Emotionen angekündigt haben.

Wenn bei der Visualisierung negative Emotionen entstanden sind, dann sollte man dies ernst nehmen. Sie sind als Warnsignale zu verstehen, die auf zukünftige Gefahren oder Schwierigkeiten hinweisen. Es lohnt sich also, sich genauer mit demjenigen Handlungsschritt auseinander zu setzen, der diese negativen Emotionen ausgelöst hat.

Hier ist also wieder die Analysefähigkeit des »Kopfes« gefragt. Zunächst ist zu bestimmen, für welche besonderen Schwierigkeiten und Gefahren die Warnsignale des »Bauches« gegolten haben. Sind diese potenziellen Handlungsbarrieren und ihre Ursachen erst einmal bestimmt, so kann man darangehen, nach geeigneten Gegenmaßnahmen zu suchen. Dies bezeichnet man auch als »proaktives Coping« (Aspinwall/Taylor 1997). Damit ist gemeint, dass man nicht erst, nachdem ein Problem eingetreten ist, nach Lösungsmöglichkeiten sucht, sondern sich bereits im Vorfeld bestmöglich auf die zu erwartenden Schwierigkeiten vorbereitet. Gerade Simulations- und Visualisierungsübungen sind dafür besonders gut geeignet (vgl. Rivkin/Taylor 1999).

Erkennen und Überwinden von Handlungsbarrieren

Ein Tipp vorweg: Im Rahmen des Selbstmanagement-Trainings wird die nachfolgende Übung nach Möglichkeit im Plenum durchgeführt. Ob es darum geht, die Ursachen für eigene Handlungsblockaden zu erkennen, oder ob nach neuen Lösungswegen gesucht wird: Die Gruppe und die ihr eigene Dynamik hat sich hier sehr bewährt. Zwar findet sich nicht für jedes Problem wirklich eine neue Lösung, aber es lässt sich *garantieren*, dass die eigene Problemsituation nach der Gruppendiskussion aus einer neuen Perspektive gesehen werden kann.

Insofern lohnt es sich, die folgenden Übungsschritte gemeinsam mit anderen durchzuführen, zumindest aber eine weitere Person dafür zu gewinnen. Dabei kommt es nicht so sehr darauf an, dass diese Person mit dem Problem oder dem übergeordneten Bereich vertraut ist. Es kann sogar von Vorteil sein, wenn sie völlig unbelastet mit gesundem Menschenverstand an das Problem herangeht. Das zwingt einen selbst auch dazu, die Sachlage in einer leicht verständlichen Weise zu erläutern, was oft schon hilfreich sein kann.

Übung zum Erkennen und Überwinden von Handlungsbarrieren

Beginnen Sie bitte dort, wo Sie mit der Visualisierungsübung in Kapitel 6, S. 153ff., aufgehört haben. Führen Sie dann die Übungsschritte 1 bis 5 durch.

1. Schritt: Suchen Sie aus Ihrer Liste diejenigen Handlungsschritte heraus, bei denen überwiegend negative Gefühle (Werte kleiner oder gleich 5 auf der Stimmungsskala) entstanden sind. Erstellen Sie daraus eine Rangordnung, indem Sie den Handlungsschritt mit den stärksten negativen Gefühlen an die erste Stelle setzen und so fort.
Tragen Sie diese Rangordnung negativ bewerteter Handlungsschritte in die Tabelle ein.

....

....

....

....

....

2. Schritt: Betrachten Sie zunächst den Handlungsschritt, den Sie auf Rang 1 gesetzt haben, weil er die stärksten negativen Gefühle ausgelöst hat.

Versuchen Sie nochmals, sich diesen Handlungsschritt möglichst plastisch vorzustellen. Vergegenwärtigen Sie sich die Situation, die Personen, mit denen Sie zu tun haben, Ihre Gedanken und Gefühle …

Denken Sie auch daran, was zuvor passiert ist und was sich daran anschließen würde.

3. Schritt: Ursachenanalyse.

Je genauer man die Ursachen für die zu erwartende Handlungsblockade erkennt, desto leichter fällt die Suche geeigneter Überwindungsstrategien. Eine Reihe von Fragen soll Sie bei der Ursachenanalyse unterstützen: Gibt es echte und benennbare Gründe für die negativen Gefühle, die Sie empfinden? Würden andere in Ihrer Situation wohl ähnlich empfinden? Oder sind diese Gefühle eher irrational und entziehen sich einer Erklärung, die für andere nachvollziehbar ist? Lässt sich das Problem nur vor Ihrem persönlichen Erfahrungshintergrund nachvollziehen?

Gründe:

....

....

....

....

Liegt die Handlungsblockade daran, dass Sie zugleich andere wichtige Ziele erreichen möchten und daher Zielkonflikte haben? In diesem Fall könnte sich eine Umgewichtung Ihrer Zielprioritäten empfehlen (vgl. Kapitel 2, S. 44f.).

Zielkonflikte:

....

....

....

....

Welche Motive sind in der Situation, in der Sie die Handlungsblockade erwarten, vermutlich angeregt? Sind es vor allem Furchtmotive? In diesem Falle können Sie versuchen, durch eine gezielte Steuerung Ihrer Fantasien verstärkt auch Ihre Hoffnungsmotive anzuregen. Lässt sich dieser Situation auch etwas Gutes abgewinnen?

Angeregte Motive:

....

....

....

....

....

....

....

Haben Sie vor irgendetwas Bestimmten Angst? Angst bewirkt meist auch Verspannungen im Muskelbereich. Sie können dagegen ankommen, indem Sie sich diese Situation möglichst plastisch ausmalen und dabei darauf achten, völlig entspannt zu sein. Versuchen Sie also, bei den Gedanken an diese Situation Ihre Muskulatur gezielt locker zu lassen (zum Beispiel mit der Entspannungsübung auf S. 107f.).

Angst vor:

....

....

....

....

....

....

....

4. Schritt: Entwicklung von Bewältigungsstrategien.

Auch wenn Sie sich die Ursachen für Ihre erwartete Handlungsblockade nicht erklären können oder wenn Ihnen diese Erklärungsversuche nicht weitergeholfen haben, sollten Sie versuchen, geeignete Bewältigungsstrategien zu finden.

Beantworten Sie bitte die folgenden Fragen: Kann der Handlungsschritt einfach weggelassen werden, ohne das Ganze zu gefährden? Vieles ist schmückendes Beiwerk, aber nicht wirklich unverzichtbar. Wenn dies der Fall ist, sollten Sie den Handlungsschritt streichen.

Fast jeder Plan bietet Alternativen: Wenn der Tunnel versperrt ist, durch den der Weg hätte führen sollen, so gibt es vielleicht noch einen anderen Weg über den Berg. Gibt es auch für Ihren Handlungsschritt Alternativen? Suchen Sie auch nach unkonventionellen Möglichkeiten. Wenn Sie Alternativen sehen, dann visualisieren Sie auch diese Alternativen und prüfen Sie, ob keine negativen Gefühle entstehen. Ersetzen Sie dann den unangenehmen Handlungsschritt.

Alternativen:

....

....

....

....

Was für den einen die Kröte, die er zu schlucken hat, ist vielleicht für den anderen eine Delikatesse. Lässt sich der Handlungsschritt an andere Personen delegieren, die ihn ebenso gut ausführen könnten? Wenn ja, dann überlegen Sie sich, an wen Sie die für Sie unangenehme oder schwierige Tätigkeit delegieren können (und wie sich das Entgegenkommen gegebenenfalls kompensieren lässt).

Delegieren an:

....

....

....

Wenn auch das Delegieren nicht möglich ist, können Sie sich dann vielleicht vorstellen, diese Situation doch selbst zu meistern? Sie haben schon andere schwierige Situationen in der Vergangenheit gemeistert. Können Sie sich vorstellen, dass Sie mit Unterstützung der verschiedenen Willensstrategien, die Sie beherrschen, in der Lage sein werden, diese schwierige Situation zu meistern? Wenn ja, dann bereiten Sie sich mental auf die schwierigen Situationen vor: Wann wird das sein, wie werden Sie damit umgehen? Nehmen Sie sich fest vor, nicht der Verlockung zu erliegen, erst einmal andere (wichtige) Dinge zu erledigen. Je besser Sie auf die zu erwartende, schwierige Situation vorbereitet sind, desto eher wird es Ihnen gelingen, sich ihr zu stellen und sie zu überwinden.

Willensstrategien:

....

....

....

....

....

Wenn Sie sich überhaupt nicht vorstellen können, mit den entsprechenden Willensstrategien diese Situation meistern zu können, sollten Sie sich noch einmal überlegen, ob der betreffende Handlungsschritt wirklich absolut wichtig für das Gelingen des Ganzen ist. Steht und fällt das Gelingen Ihrer Absicht damit, dass Sie diesen Handlungsschritt erfolgreich ausführen?

Wenn Sie auch diese Frage mit Ja beantworten, sollten Sie erwägen, von Ihrer übergeordneten Absicht Abstand zu nehmen. Sie sollten sich vielmehr andere wichtige und dringende Absichten suchen und sich anderen Handlungszielen zuwenden. Anderenfalls könnte es sein, dass Sie Ihre Energien für etwas verschwenden, was sich am Ende doch als undurchführbar herausstellt (versunkene Investitionen). In diesem Falle hatte das unangenehme Gefühl, das Sie am Anfang hatten, durchaus seine Berechtigung im Sinne eines Frühwarnsystems.

5. Schritt: Gehen Sie diese Fragen bitte für sämtliche negativ bewerteten Handlungsschritte durch.

Natürlich werden auch nach dieser Übung nicht all Ihre Pläne in Erfüllung gehen, und es wird immer wieder auch zu unerwarteten Störungen und Problem kommen, bei denen man sich »durchwursteln« (ein Terminus technicus) muss. Aber besser können Sie sich nicht auf zukünftige Projekte vorbereiten: Sie haben das Projekt zunächst detailliert analysiert, haben es dann visualisiert und die dabei entstehenden Emotionen als Richtschnur gewählt. Schließlich, falls dabei negative Emotionen entstanden sein sollten, haben Sie sich eingehend mit den Ursachen dafür auseinander gesetzt und rechtzeitig nach Überwindungsstrategien gesucht.

Zusammenfassung

Unangenehme Gefühle sollten ernst genommen und als Warnsignale für Handlungsbarrieren verstanden werden. Werden diese Warnsignale übergangen, besteht die Gefahr, den später eintretenden Schwierigkeiten unvorbereitet gegenüberzustehen und seine Pläne nicht realisieren zu können.
Werden aversive Gefühle bereits bei der Entscheidungsfindung oder bei der Planung von Handlungsstrategien antizipiert, so können rechtzeitig geeignete Gegenmaßnahmen eingeleitet werden. Dazu sind zunächst die Ursachen der zu erwartenden Handlungsbarriere genauer zu analysieren und alsdann geeignete Lösungsstrategien zu suchen.

Ein kurzes Resümee

Hier soll nochmals der rote Faden, der sich durch dieses Arbeits-buch gezogen hat, nachgezeichnet werden; informationsreicher sind allerdings die detaillierteren Zusammenfassungen der einzel-nen Hauptkapitel.

Seinen Ausgangspunkt hat dieses Arbeitsbuches mit einem ein-fachen Modell genommen, dem so genannten »Schnittmengenmo-dell von Motivation und Volition«. Dieses Modell integriert die Er-gebnisse der neueren Willensforschung mit Erkenntnissen der klas-sischen Motivationspsychologie. Grundlage des Modells ist die Unterscheidung von expliziten Zielen und impliziten Motiven. Bildlich gesprochen entstammen Ziele dem »Kopf«-Bereich, Motive dagegen dem »Bauch«-Bereich des Menschen. Diese beiden Berei-che lassen sich als zwei Kreise abbilden, die sich teilweise überlap-pen (vgl. Abb. 2 auf S. 19). Aus dieser Darstellung ist der Name des Modells entliehen worden.

Bereits zu Beginn dieses Buches wurde danach gefragt, in welche Richtung »Kopf« und »Bauch« verschoben werden sollten, falls sich das realisieren ließe. Hier wird zumeist geantwortet, man solle bei-de Bereiche aufeinander zu bewegen um die gemeinsame Schnitt-menge zu vergrößern. Allerdings sollten, um eine solche Verschie-bung realisieren zu können, »Kopf« und »Bauch« erst einmal mög-lichst gut bekannt sein.

Diese Aufgabe wurde sodann angegangen (vgl. zum Überblick Abb. 3.0–3.5 auf S. 27f.). Zunächst wurde der »Kopf«-Bereich the-matisiert, und es wurden die wichtigsten Kriterien besprochen, de-nen Ziele nach Möglichkeit genügen sollten: Sie sollten schwierig und spezifisch sein. Außerdem sollten Konflikte zwischen Zielen nach Möglichkeit erkannt und durch eine Verlagerung der Ziel-prioritäten vermindert werden (s. Abb. 3.1 auf S. 27). Im Anschluss daran wurde die Aufmerksamkeit auf den »Bauch«-Bereich gelenkt:

Hier liegen die unbewussten Motive und tieferen Bedürfnisse des Menschen (s. Abb. 3.2 auf S. 27). Zunächst wurde der Leser gebeten, seine Motive einmal selbst einzuschätzen, um dann jedoch darzulegen, weshalb eine solche Selbsteinschätzung oft zu kurz greift und den unbewussten Bereich nicht (gänzlich) zu erfassen vermag. Eine systematische Messung unbewusster Motive verlangt den Einsatz bestimmter Instrumente und konnte daher nicht im Rahmen dieses Buches realisiert werden. Allerdings wurden verschiedene Checklisten empfohlen, die Selbstbeobachtung und kritische Analyse der eigenen Motive erleichtern können.

Bei Diskrepanzen zwischen »Kopf« und »Bauch« ist Willensstärke erforderlich: ein Bündel von Strategien, mit denen sich innere Handlungsbarrieren überwinden lassen. Die wichtigsten Aufgaben des Willens sind dabei die Stärkung von bedürfnisdiskrepanten Zielen und Unterdrückung störender Impulse aus dem »Bauch«-Bereich (vgl. Abb. 3.3 auf S. 28). Es wurde gezeigt, wie sich Willensstärke messen und bei Bedarf durch Übungen verbessern lässt. Im Anschluss daran wurde Überkontrolle als die Schattenseite des Willens angesprochen: ein Übergewicht des »Kopf«-Bereiches bei der Bildung und Durchsetzung von Zielen (s. Abb. 3.4 auf S. 28). Überkontrolle kann verschiedene Bereiche betreffen (zum Beispiel Planungsneigung oder Fremdkontrolle) und lässt sich durch bestimmte Übungen reduzieren. Letztlich sollen es diese Übungen erreichen, dass man das Übergewicht des »Kopf«-Bereiches abbaut und ein besseres Gespür für seinen »Bauch«-Bereich entwickelt.

An dieser Stelle waren die Voraussetzungen erfüllt, um wieder auf die Ausgangsfrage zurückzukommen und sich damit auseinander zu setzen, wie sich die Schnittmenge zwischen »Kopf« und »Bauch« vergrößern lässt: der Bereich der intrinsischen Motivation (s. Abb. 3.5 auf S. 28). Um das zu erreichen, ist es erforderlich, die Stärken des »Kopfes«, Handlungsoptionen differenziert zu analysieren, mit den Stärken des »Bauches«, Situationen durch Stimmungsbilder ganzheitlich bewerten zu können, zu verbinden. Das sollte durch eine dreiteilige Übung erreicht werden, die sich für die Planung oder bei Entscheidungen verwenden lässt. Hier wurde ein Projekt in seine Handlungsschritte zergliedert, die dann in Gedanken zu simulieren waren. Die dabei entstehenden Emotionen sollen dann als Wegweiser für die Handlungsplanung verwendet werden. Letztlich führt ein solches Vorgehen zu einer Annäherung von »Kopf« und »Bauch«. Negative Gefühle sollten dagegen als Warnsignale auf spätere Schwierigkeiten aufgefasst werden, denen durch eine Analyse der Ursache und eine frühzeitige Einleitung von Gegenmaßnahmen beizukommen ist.

Einsicht in die eigene Situation, bestehende Probleme und Lösungsstrategien ist das eine, tatsächlich neue Wege zu gehen und Lösungen zu implementieren das andere. Man sollte sich daher nicht vorschnell mit scheinbar plausibel klingenden Erklärungen zufrieden geben. Änderungsprozesse setzen voraus, dass man sich mit einem bestimmten Thema genauer auseinander gesetzt hat, und genau das bezwecken die vorgeschlagenen Übungen. Erwarten Sie aber keine sofortigen Erfolge. Belohnen Sie sich auch für kleine Fortschritte.

Wählen Sie Ihre Ziele so, dass sie nach Möglichkeit Ihren tieferen Motiven und Bedürfnissen entsprechen, und versuchen Sie dann, diese Ziele unter einem möglichst sparsamen Einsatz von Willensstärke zu erreichen. Das ist erfolgreiches Selbstmanagement!

Literaturverzeichnis (nach Kapiteln)

Literaturempfehlungen zu Kapitel 1

Basisliteratur

Kehr, H.M.: Strategien der Selbstüberlistung: Motivation und Willen trainieren. In: *Personalführung, 12/1998,* 52–58. Der Aufsatz richtet sich vor allem an Personalfachleute und gibt eine Einführung in Seminarziele, Ablauf und Methodik des SMT sowie einen Überblick über die von der Projektgruppe Selbstmanagement durchgeführten Studien.

Kehr, H.M.: Mehr Motivation durch Selbstmanagement-Training. In: *Personalwirtschaft 7/1999b,* S. 43–45. Das Selbstmanagement-Training wird vorgestellt und von ersten Teilnehmerreaktionen berichtet.

Kehr, H.M.: Volition und Motivation: Zwischen impliziten Motiven und expliziten Zielen. In: *Personalführung 4/2001a,* S. 20–28. Das in der Habilitationsschrift entwickelte »Schnittmengenmodell von Motivation und Volition« wird praxisgerecht aufbereitet und es werden Anwendungsperspektiven hinsichtlich Selbstmanagement und Mitarbeiterführung aufgezeigt.

Kehr, H.M./Bles, P.: Der Stellenwert der Motivation von Führungskräften bei Personalverantwortlichen. In: *Personal 51/1999,* S. 571–575. Eine Befragungsstudie rund um Bedingungen und Wirkungen von Motivation bei Führungskräften, die an Personalfachleute und Wissenschaftler zugleich adressiert ist.

Rosenstiel, L. von: Motivation im Betrieb. Rosenberger, Leonberg [10]2001. Ein flüssig geschriebenes Buch, reich an Fallbeispielen, das praxisnah in motivationspsychologische Abläufe des Unternehmensalltags einführt.

Vertiefungsliteratur

Heckhausen, H.: Motivation und Handeln. Springer, Berlin 1989. *Das* umfassende Kompendium der Motivationspsychologie, das einen Überblick zu Theorien und empirischen Erkenntnissen über die vielfältigen Beweggründe menschlichen Handelns gibt.

Kehr, H.M.: Entwurf eines konfliktorientierten Prozessmodells von Motivation und Volition. In: *Psychologische Beiträge 41/1999a,* S. 20–43. Es werden verschiedene wissenschaftliche Ansätze zusammengeführt, die sich mit der Beziehung von Motivation und Volition (Wille) auseinander setzen.

Kehr, H.M.: Integrating implicit motives, explicit motives, and perceived abilities: The compensatory model of work motivation and volition. Academy of Management Review 29, 2004b, S. 479–499. Das Sonderheft »The future of work motivation theory« der Managementzeitschrift enthält einen Beitrag, der das Schnittmengenmodell der Motivation erweitert und auf Managementfragen anwendet. Der Beitrag legt außerdem dar, welche Gemeinsamkeiten und Unterschiede zwischen dem hier vorgestellten Ansatz und alternativen Motivationstheorien bestehen.

Kehr, H.M.: Motivation und Volition: Funktionsanalysen, Feldstudien mit Führungskräften und Entwicklung eines Selbstmanagement-Trainings (SMT). In: Kohl, J./Halisch, F. (Hrsg. der Reihe): Motivationsforschung. Hogrefe, Göttingen 2004c. Motivations- und volitionspsychologische Ansätze werden von ihren historischen Wurzeln bis zu den gegenwärtigen Forschungstrends dargelegt und in einem übergreifenden Modell zusammengeführt. Davon ausgehend belegt eine Serie von Studien die praktische Bedeutung von Motivation und Volition für Führungskräfte.

Kehr, H.M.: Das Kompensationsmodell von Motivation und Volition als Basis für die Führung von Mitarbeitern. In: Vollmeyer, R./Brunstein, J. (Hrsg.): Motivationspsychologie und ihre Anwendung (S. 131–150). Kohlhammer, Stuttgart 2005. Das Buchkapitel legt verständlich und durch Beispiele illustriert dar, wie sich das um subjektive Fähigkeiten (die »Hand«) erweiterte Schnittmengenmodell für die Führung von Mitarbeitern nutzen lässt.

Kehr, H.M./Rosenstiel, L. v.: Self-Management Training (SMT): Theoretical and empirical foundations for the development of a metamotivational and metavolitional intervention program. In: Frey, D./Mandl, H./Rosenstiel, L.v. (Eds.): *Knowledge and action* (S. 103–141). Huber & Hogrefe, Cambridge, MA 2006: Der Aufsatz enthält die wissenschaftlichen Grundlagen und Hintergründe des SMT, seiner Module und Übungen.

Kehr, H.M.: Für Veränderungen motivieren mit Kopf, Bauch und Hand. In: OrganisationsEntwicklung 3, 2008, S. 23–30. Ein ausführliches Interview, das die Anwendung des Motivationskonzeptes für die Organisationsentwicklung darlegt.

Literaturempfehlungen zu Kapitel 2

Basisliteratur

Brunstein, J.C./Maier, G.W.: Persönliche Ziele: Ein Überblick zum Stand der Forschung. In: Psychologische Rundschau 47/1996, S. 146–160. Einführung in das Thema der »persönlichen Ziele«, auch im Hinblick auf psychisches und physisches Wohlbefinden.

Locke, E.A./Latham, G.P.: A theory of goal setting and task performance. Prentice-Hall, Englewood Cliffs/NJ 1990. Führende amerikanische Zielforscher belegen anhand zahlreicher Studien den leistungsförderlichen Einfluss spezifischer und schwieriger Ziele.

Preiser, S.: Zielorientiertes Handeln: Ein Trainingsprogramm zur Selbstkontrolle. Asanger, Heidelberg 1989. Ein praxisorientierter Leitfaden mit Anleitungen und Übungen zur Bildung von Zielen.

Ergänzungsliteratur

Emmons, R.A./King, L.A.: Conflicts among personal strivings: Immediate and long-term implications for psychological and physical well-being. Journal of Personality and Social Psychology 54/1988, S. 1040–1048. Die Studie belegt die negativen Folgen von Zielkonflikten und zeigt Möglichkeiten zur Messung von Zielkonflikten auf.

Kehr, H.M.: Goal conflicts, attainment of new goals, and well-being among managers. In: Journal of Occupational Health Psychology 8/2003, S. 195–208. Eine empirische Studie mit Führungskräften belegt den negativen Einfluss bestehender Zielkonflikte auf den Erfolg neuer Ziele und auf das resultierende Wohlbefinden.

Rosenstiel, L. von/Kehr, H.M. /Maier, G.W.: Motivation and volition in pursuing personal work goals. In: Heckhausen, J. (Hrsg.): Motivational psychology of human development. Elsevier, Amsterdam 2000, S. 287–305. In diesem Aufsatz werden klassische Motivationskonzepte vorgestellt und kritisch diskutiert und neuere Ansätze im Hinblick auf die Erreichung beruflicher Ziele von Hochschulabgängern beim Eintritt in den Beruf sowie von Managern beschrieben.

Literaturempfehlungen zu Kapitel 3

Basisliteratur

Schmalt, H.-D./Sokolowski, K./Langens, T.: Das Multi-Motiv-Gitter für Anschluss, Leistung und Macht (MMG): Manual. Swets & Zeitlinger, Frankfurt/M. 2000. Das Testmaterial mit Handanweisung zur Anwendung und Auswertung des MMG, verbunden mit einer Einführung in die Messung von Motiven.

Ergänzungsliteratur

Kehr, H.M.: Implicit/explicit motive discrepancies and volitional depletion among managers. Personality and Social Psychology Bulletin, 30, 2004a, S. 315–327. Eine empirische Studie mit Führungskräften zeigt, dass Diskrepanzen zwischen impliziten und expliziten Motiven negative Konsequenzen auf die Willensstärke sowie auf das Wohlbefinden haben.

Krug, S.: Förderung und Änderung des Leistungsmotivs: Theoretische Grundlagen und deren Anwendung. In: Schmalt, H.-D./ Meyer, W.-U. (Hrsg.): Leistungsmotivation und Verhalten. Klett, Stuttgart 1976, S. 221–247. Ein knappes Sammelreferat zur Thematik der Leistungsmotivationsänderung durch Training.

McClelland, D.C./Boyatzis, R.E.: The leadership motive pattern and long-term success in management. In: Journal of Applied Psychology 67/1982, S. 737–743. Welche Motivausprägung sollte ein erfolgreicher Manager haben? Bericht von einer aufwändigen Längsschnittstudie.

McClelland, D.C./Koestner, R./Weinberger, J.: How do self-attributed and implicit motives differ? In: Psychological Review 96/1989, S. 690–702. Die Unterscheidung von selbst eingeschätzten und impliziten (unbewussten) Motiven wird wissenschaftlich untermauert.

Schneider, K./Schmalt, H.-D.: Motivation. Kohlhammer, Stuttgart 32000. Ein wissenschaftliches Standardwerk zur umfassenden Einführung in die Motivationspsychologie.

Sokolowski, K./Kehr, H.M.: Zum differentiellen Einfluss von Motiven auf die Wirkungen von Führungstrainings (MbO). In: Zeitschrift für Differentielle und Diagnostische Psychologie 20/3/1999, S. 192–202. Die Studie belegt, dass machtmotivierte Führungskräfte besonders stark von Trainings zum Führen durch Zielvereinbarungen profitieren.

Literaturempfehlungen zu Kapitel 4

Basisliteratur

Goleman, D.: Emotionale Intelligenz. Eine populärwissenschaftliche Einführung in den Umgang mit Emotionen. dtv, München 1997.

Kuhl, J.: Handlungs- und Lageorientierung. In: Sarges, W. (Hrsg.): Management-Diagnostik. Hogrefe, Göttingen 1995, S. 303–316. Ein Willensforscher gibt eine anwendungsorientierte Einführung in die Willensthematik und beschreibt die Wirkungsweise des Willens bei Managern.

Vertiefungsliteratur

Kehr, H.M.: Motivation und Volition: Funktionsanalysen, Feldstudien mit Führungskräften und Entwicklung eines Selbstmanagement-Trainings (SMT). In: Kuhl, J./Halisch, F. (Hrsg. der Reihe): Motivationsforschung. Hogrefe, Göttingen 2004c. Erläuterungen s. S. 172.

Kehr, H.M./Bles, P./Rosenstiel, L. von: Self-regulation, self-control, and management training transfer. In: International Journal of Educational Research 31/1999b, S. 487–498. Die Studie belegt den positiven Einfluss von volitionaler Kompetenz (Willensstärke) und den negativen Einfluss von exzessiver Selbstkontrolle (Überkontrolle) auf den Führungserfolg.

Kuhl, J.: Wille und Persönlichkeit: Funktionsanalyse der Selbststeuerung. In: Psychologische Rundschau 49/1998, S. 61–77. Es werden die verschiedenen Funktionen erläutert, die der Wille bei der Handlungssteuerung zu erfüllen hat. Außerdem wird der Unterschied von Willensstärke und exzessiver Selbstkontrolle (Überkontrolle) dargelegt.

Kuhl, J./Fuhrmann, A.: Decomposing self-regulation and self control: The volitional components inventory. In: Heckhausen, J./ Dweck, C. (Hrsg.): Motivation and self-regulation across the life span. Cambridge University Press, Cambridge/UK 1998, S. 15–49. Es werden die verschiedenen Funktionen erläutert, die der Wille bei der Handlungssteuerung zu erfüllen hat. Zugleich wird ein differenzierter Fragebogen zur Messung von Willensstärke und Überkontrolle vorgestellt.

Sokolowski, K.: Emotion und Volition. Hogrefe, Göttingen 1993. Eine fundierte Einführung in die Zusammenhänge von volitionalen und emotionalen Prozessen, durch kreative Experimentalstudien empirisch fundiert.

Sokolowski, K.: Sequentielle und imperative Konzepte des Willens. In: Psychologische Beiträge 39/1997, S. 346–369. Der Autor vergleicht zwei gleichfalls prominente, aber doch sehr unterschiedliche Konzeptionen des Willens.

Literaturempfehlungen zu Kapitel 5

Basisliteratur
Für diesen Bereich kann keine einfach zu lesende und übergreifende Basisliteratur empfohlen werden.

Vertiefungsliteratur
Bles, P.: Der Einfluss von Volition auf das Verhalten von Führungskräften. Shaker, Aachen 1999. Es wird eine empirische Studie beschrieben, welche die Parallelen zwischen der Art, sich selbst zu führen, und der Art, seine Mitarbeiter zu führen, aufzeigt.

Hovestädt: Sich selbst organisieren. Weg vom Zeitdruck: Wie man sich die Arbeit erleichtern kann. Beltz, Weinheim und Basel 1997. Eine Sammlung von Tipps und Methoden zum Zeitmanagement.

Kuhl, J.: Wille und Persönlichkeit: Funktionsanalyse der Selbststeuerung. In: Psychologische Rundschau 49/1998, S. 61–77. Anhand der verschiedenen Funktionen, die der Wille bei der Handlungssteuerung zu erfüllen hat, wird der Unterschied von Willensstärke und exzessiver Selbstkontrolle (Überkontrolle) dargelegt.

Ryan, R.M./Deci, E.L.: Self-determination theory and the facilitation of intrinsic motivation, social development, and well-being. In: American Psychologist 55/2000, S. 68–78. Die Autoren beschreiben den Brennpunkt zwischen Fremd- und Selbstbestimmung, differenzieren die Schattierungen von Fremdbestimmung und binden dies in eine Rahmentheorie ein.

Seiwert, L.J: Life-Leadership. Sinnvolles Selbstmanagement für ein Leben in Balance. Campus, Frankfurt/M. 2001. Ein praktischer Ratgeber für persönliche Zielsetzung und Zeitmanagement.

Literaturempfehlungen zu Kapitel 6

Basisliteratur
Csikszentmihalyi, M.: Flow: The psychology of optimal experience. Harper & Row, New York 1990. Das Konzept des Flowerlebens wird von seinem

Entdecker beschrieben und durch diverse Beispiele und Studien unterfüttert.

Rheinberg, F.: Zweck und Tätigkeit: Motivationspsychologische Analysen zur Handlungsveranlassung. Hogrefe, Göttingen 1989. Der Autor hat seine eigene Perspektive auf das Flow-Konzept und die Thematik der intrinsischen und extrinsischen Motivation. Es werden verschiedene Studien geschildert, die sich unter anderem damit beschäftigen, welche Tätigkeiten eher aus sich selbst heraus oder wegen des damit verbundenen Zweckes ausgeführt werden und welche Unterschiede sich daraus ergeben.

Vertiefungsliteratur

Csikszentmihalyi, M./LeFevre, J.: Optimal experience in work and leisure. In: Journal of Personality and Social Psychology 56/1989, S. 815–822. Dieser Artikel beschreibt das Phänomen des Flowerlebens als Spezialfall intrinsischer Motivation und zeigt, dass Flowerleben nicht bloß in der Freizeit, sondern gerade auch im Arbeitskontext auftritt.

Deci, E.L./Ryan, R.M.: Intrinsic motivation and self-determination in human behavior. Plenum Press, New York 1985. Das Autorengespann, das oft in einem Atemzug mit der Unterscheidung von intrinsischer und extrinsischer Motivation genannt wird, führt diese Konzepte aus und schildert die Grundzüge der Theorie der Selbstbestimmung, die dann in späteren Arbeiten weiterentwickelt worden ist.

Kehr, H.M./Bles, P./Rosenstiel, L. von: Zur Motivation von Führungskräften: Zielbindung und Flusserleben als transferfördernde Faktoren bei Führungstrainings. In: Zeitschrift für Arbeits- und Organisationspsychologie 43/1999c (N.F. 17), S. 83–94. Die Studie demonstriert die Bedeutung der Motivation, speziell von intrinsischer Motivation und Flowerleben, für den Erfolg von Führungskräften.

Schultheiss, O.C./Brunstein, J.C.: Goal imagery: Bridging the gap between implicit motives and explicit goals. In: Journal of Personality 67/1999, 1–38: Hier werden die Grundlagen der verwendeten Visualisierungsübung erläutert und empirisch untermauert.

Schwarz, N.: Feelings as information: Informational and motivational functions of affective states. In: Higgins, E.T./Sorrentino R.M. (Hrsg.): Handbook of motivation and cognition. Foundations of social behavior, Bd. 2. Guilford, New York 1990, S. 527–561. Wissenschaftliche Argumente dafür, seine Emotionen als Wegweiser bei der Handlungsplanung zu verwenden.

Literaturempfehlungen zu Kapitel 7

Basisliteratur

Für diesen Bereich kann keine einfach zu lesende und übergreifende Basisliteratur empfohlen werden.

Vertiefungsliteratur

Aspinwall, L.G./Taylor, S.E.: A stitch in time: Self-regulation and proactive coping. In: Psychological Bulletin 121/1997, S. 417–436. Das Konzept des proaktiven Coping wird vorgestellt und in ein fünfstufiges Modell eingebunden.

Rivkin, I.D./Taylor, S.E.: The effects of mental simulation on coping with controllable stressful events. In: Personality and Social Psychology Bulletin 25/1999, S. 1451–1462. Die Autoren untersuchen die Effekte von mentaler Simulation auf die Verarbeitung stresshafter Erlebnisse und zeigen, dass die Imagination negativer Erlebnisse ähnlich positive Effekte haben kann wie sie bereits vom Niederschreiben derartiger Erlebnisse bekannt sind.

Literaturverzeichnis (alphabetisch)

Asendorpf, J.B./Aken, M.A.G. van: Resilient, overcontrolled, and undercontrolled personality prototypes in childhood: Replicability, predictive power, and the trait-type issue. In: *Journal of Personality and Social Psychology 77/1999*, S. 815–832.

Aspinwall, L.G./Taylor, S.E.: A stitch in time: Self-regulation and proactive coping. In: *Psychological Bulletin 121/1997*, S. 417–436.

Bargh, J.A./Barndollar, K.: Automaticity in action: The unconscious as repository of chronic goals and motives. In: Gollwitzer, P.M./Bargh, J.A. (Hrsg.): *The psychology of action: Linking cognition and motivation to behavior.* Guilford, New York 1996, S. 457–481.

Bles, P.: Der Einfluss von Volition auf das Verhalten von Führungskräften. Shaker, Aachen 1999.

Bles, P./Kehr, H.M.: Können Umsatzzahlen durch Volition beeinflusst werden? Vortrag auf der 1. Tagung der Fachgruppe Arbeits- & Organisationspsychologie der DGPS, Marburg, 16.9. 1999.

Brunstein, J.C./Maier, G.W.: Persönliche Ziele: Ein Überblick zum Stand der Forschung. In: *Psychologische Rundschau 47/1996*, S. 146–160.

Brunstein, J.C./Schultheiss, O.C./Grässmann, R.: Personal goals and emotional well-being: The moderating role of motive dispositions. In: *Journal of Personality and Social Psychology 75/1998*, S. 494–508.

Csikszentmihalyi, M.: Flow: The psychology of optimal experience. Harper & Row, New York 1990.

Csikszentmihalyi, M./LeFevre, J.: Optimal experience in work and leisure. In: *Journal of Personality and Social Psychology 56/1989*, S. 815–822.

Csikszentmihalyi, M./Rathunde, K.: The measurement of flow in everyda life: Toward a theory of emergent motivation. In: Dienstbier, R.A./Jacobs J.E. (Hrsg.): *Nebraska Symposium on Motivation.* University of Nebraska Press, Lincoln 1993, S. 57–97.

Deci, E.L./Koestner, R./Ryan, R.M.: A meta-analytic review of experiments examining the effects of extrinsic rewards on intrinsic motivation. In: *Psychological Bulletin 125/1999*, S. 627–668.

Deci, E.L./Ryan, R.M.: Intrinsic motivation and self-determination in human behavior. Plenum Press, New York 1985.

Dörner, D.: Die Logik des Misslingens: Strategisches Denken in komplexen Situationen. Rowohlt, Reinbek 1992.

Emmons, R.A./King, L.A.: Conflicts among personal strivings: Immediate and long-term implications for psychological and physical well-being. *Journal of Personality and Social Psychology 54/1988*, S. 1040–1048.

Epstein, S./Pacini, R.: Some basic issues regarding dual-process theories from the perspective of cognitive-experiential self-theory. In: Chaiken, S./Trope, Y. (Hrsg.): *Dual-process theories in social psychology*. Guilford, New York 1999, S. 462–482.

Goleman, D.: Emotionale Intelligenz. Eine populärwissenschaftliche Einführung in den Umgang mit Emotionen. dtv, München 1997.

Heckhausen, H.: Motivation und Handeln. Springer, Berlin 1989.

Herzberg, F./Mausner, B./Snyderman, B.B.: The motivation to work. Wiley, New York 1959.

Hofmann, L.M.: Entspannungsmethoden. In: Hofmann, L.M./Linneweh, K.L./Streich, R.K. (Hrsg.): *Erfolgsfaktor Persönlichkeit: Managementerfolg durch Persönlichkeitsentwicklung*. Beck, München, 1997, S. 23–38.

Jacobson, E.: Progressive relaxation. University of Chicago Press, Chicago 1938.

Kanfer, F.H./Reinecker, H./Schmelzer, D.: Selbstmanagement-Therapie. Springer, Berlin 1996.

Kehr, H.M.: Strategien der Selbstüberlistung: Motivation und Willen trainieren. In: *Personalführung 12/1998*, S. 52–58.

Kehr, H.M.: Entwurf eines konfliktorientierten Prozessmodells von Motivation und Volition. In: *Psychologische Beiträge 41/1999a*, S. 20–43.

Kehr, H.M.: Mehr Motivation durch Selbstmanagement-Training. In: *Personalwirtschaft 7/1999b*, S. 43–45.

Kehr, H.M.: Volition und Motivation: Zwischen impliziten Motiven und expliziten Zielen. *In: Personalführung, 4/2001a*, S. 20–28.

Kehr, H.M.: Goal conflicts, attainment of new goals, and well-being among managers. In: Journal of Occupational Health Psychology 8/2003, S. 195–208.

Kehr, H.M.: Implicit/explicit motive discrepancies and volitional depletion among managers. Personality and Social Psychology Bulletin, 30, 2004a, S. 315–327.

Kehr, H.M.: Integrating implicit motives, explicit motives, and perceived abilities: The compensatory model of work motivation and volition. Academy of Management Review 29, 2004b, S. 479–499.

Kehr, H.M.: Motivation und Volition: Funktionsanalysen, Feldstudien mit Führungskräften und Entwicklung eines Selbstmanagement-Trainings (SMT). In: Kuhl, J./Halisch, F. (Hrsg. der Reihe): Motivationsforschung. Hogrefe, Göttingen 2004c.

Kehr, H.M.: Das Kompensationsmodell von Motivation und Volition als Basis für die Führung von Mitarbeitern. In: Vollmeyer, R./Brunstein, J. (Hrsg.): Motivationspsychologie und ihre Anwendung (S. 131–150). Kohlhammer, Stuttgart 2005.

Kehr, H.M.: Für Veränderungen motivieren mit Kopf, Bauch und Hand. In: OrganisationsEntwicklung 3, 2008, S. 23–30.

Kehr, H.M./Bles, P.: Der Stellenwert der Motivation von Führungskräften bei Personalverantwortlichen. In: *Personal 51/1999*, S. 571–575.

Kehr, H.M./Bles, P./Rosenstiel, L. von: Motivation von Führungskräften: Wirkungen, Defizite, Methode: Ergebnisse einer Befragung von Personalentwicklern. In: *Zeitschrift für Führung und Organisation 68/1999a*, S. 4–9.

Kehr, H.M./Bles, P./Rosenstiel, L. von: Self-regulation, self-control, and management training transfer. *In: International Journal of Educational Research 31/1999b*, S. 487–498.

Kehr, H.M./Bles, P./Rosenstiel, L. von: Zur Motivation von Führungskräften: Zielbindung und Flusserleben als transferfördernde Faktoren bei Führungstrainings. In: *Zeitschrift für Arbeits- und Organisationspsychologie 43/1999c (N.F. 17)*, S. 83–94.

Kehr, H.M./Rosenstiel, L.v.: Self-Management Training (SMT): Theoretical and empirical foundations for the development of a metamotivational and metavolitional intervention program. In: Frey, D./Mandl, H./Rosenstiel, L.v. (Eds.): *Knowledge and action* (S. 103–141). Huber & Hogrefe, Cambridge, MA 2006.

Krug, S.: Förderung und Änderung des Leistungsmotivs: Theoretische Grundlagen und deren Anwendung. In: Schmalt, H.-D./ Meyer, W.-U. (Hrsg.): *Leistungsmotivation und Verhalten*. Klett, Stuttgart 1976, S. 221–247.

Kuhl, J.: Handlungs- und Lageorientierung. In: Sarges, W. (Hrsg.): *Management-Diagnostik*. Hogrefe, Göttingen 1990, S. 247–252.

Kuhl, J.: Handlungs- und Lageorientierung. In: Sarges, W. (Hrsg.): *Management-Diagnostik*. Hogrefe, Göttingen 1995, S. 303–316.

Kuhl, J.: Wille und Persönlichkeit: Funktionsanalyse der Selbststeuerung. In: *Psychologische Rundschau 49/1998*, S. 61–77.

Kuhl, J./Fuhrmann, A.: Decomposing self-regulation and self control: The volitional components inventory. In: Heckhausen, J./ Dweck, C. (Hrsg.): *Motivation and self-regulation across the life span*. Cambridge University Press, Cambridge/UK 1998, S. 15–49.

Lindworsky, J.: Willensschule. Schöningh, Paderborn 1932.

Locke, E.A./Latham, G.P.: A theory of goal setting and task performance. Prentice-Hall, Englewood Cliffs/NJ 1990.

Maslow, A.H.: A theory of human motivation. In: *Psychological Review 50/1943*, S. 370–396.

McClelland, D.C./Boyatzis, R.E.: The leadership motive pattern and long-term success in management. In: *Journal of Applied Psychology 67/1982*, S. 737–743.

McClelland, D.C./Koestner, R./Weinberger, J.: How do self-attributed and implicit motives differ? In: *Psychological Review 96/1989*, S. 690–702.

McClelland, D.C./Winter, D.G.: *Motivating economic achievement*. Free Press, New York 1969.

Mellers, B./Schwartz, A./Ritov, I.: Emotion-based choice. In: *Journal of Experimental Psychology 128/1999*, S. 332–345.

Mischel, H.N./Mischel, W.: The development of children's knowledge of self-control strategies. *Child Development 54/1983*, S. 603–619.

Murray, H.A.: Explorations in personality. Oxford University Press, New York 1938.

Nerdinger, F.W.: Motivation und Handeln in Organisationen. Kohlhammer, Stuttgart 1995.

Oettingen, G.: Psychologie des Zukunftsdenkens: Erwartungen und Fantasien. In: Halisch, F./Kuhl J. (Hrsg.): *Motivationsforschung*. Hogrefe, Göttingen 1997.

Pham, L.B./Taylor, S.E.: From thought to action: Effects of process- versus outcome-based mental simulations on performance. In: *Personality and Social Psychology Bulletin* 25/1999, 250–260.

Preiser, S.: Zielorientiertes Handeln: Ein Trainingsprogramm zur Selbstkontrolle. Asanger, Heidelberg 1989.

Rheinberg, F.: Zweck und Tätigkeit: Motivationspsychologische Analysen zur Handlungsveranlassung. Hogrefe, Göttingen 1989.

Rheinberg, F.: Flow-Erleben, Freude an riskantem Sport und andere »unvernünftige« Motivationen. In: Kuhl, J./Heckhausen, H. (Hrsg.): *Enzyklopädie der Psychologie: Serie IV. Motivation, Volition und Handlung, Bd. 4.* Hogrefe, Göttingen 1996, S. 101–118.

Rivkin, I.D./Taylor, S.E.: The effects of mental simulation on coping with controllable stressful events. In: *Personality and Social Psychology Bulletin 25/1999*, S. 1451–1462.

Rosenstiel, L. von: *Motivation im Betrieb*. Rosenberger, Leonberg [10]2001.

Rosenstiel, L. von/Kehr, H.M. /Maier, G.W.: Motivation and volition in pursuing personal work goals. In: Heckhausen, J. (Hrsg.): *Motivational psychology of human development*. Elsevier, Amsterdam 2000, S. 287–305.

Ryan, R.M./Deci, E.L.: Self-determination theory and the facilitation of intrinsic motivation, social development, and well-being. In: *American Psychologist 55/2000*, S. 68–78.

Salovey, P./Mayer, J.D.: Emotional Intelligence. In: *Imagination, Cognition and Personality 9/1990*, S. 185–211.

Schmalt, H.-D./Sokolowski, K./Langens, T.: Das Multi-Motiv-Gitter für Anschluss, Leistung und Macht (MMG): Manual. Swets & Zeitlinger, Frankfurt/M. 2000.

Schneider, K./Schmalt, H.-D.: Motivation. Kohlhammer, Stuttgart [3]2000.

Schultheiss, O.C./Brunstein, J.C.: Goal imagery: Bridging the gap between implicit motives and explicit goals. In: *Journal of Personality 67/1999*, 1–38.

Schwarz, N.: Feelings as information: Informational and motivational functions of affective states. In: Higgins, E.T./Sorrentino R.M. (Hrsg.): *Handbook of motivation and cognition. Foundations of social behavior*, Bd. 2. Guilford, New York 1990, S. 527–561.

Sokolowski, K.: Emotion und Volition. Hogrefe, Göttingen 1993.

Sokolowski, K.: Sequentielle und imperative Konzepte des Willens. In: *Psychologische Beiträge 39/1997*, S. 346–369.

Sokolowski, K./Kehr, H.M.: Zum differentiellen Einfluss von Motiven auf die Wirkungen von Führungstrainings (MbO). In: *Zeitschrift für Differentielle und Diagnostische Psychologie 20/3/1999*, S. 192–202.

Sokolowski, K./Schmalt, H.-D./Langens, T.A./Puca, R.M.: Assessing achievement, affiliation, and power motives all at once: The multi-motive grid (MMG). In: *Journal of Personality Assessment 74/2000*, S. 126–145.

Spangler, W.D.: Validity of questionnaire and TAT measures of need for achievement: Two meta-analyses. *In: Psychological Bulletin 112/1992*, S. 140–154.

Sprenger, R.K.: Mythos Motivation: Wege aus einer Sackgasse. Campus, Frankfurt/M. [3]2000.

Bildnachweis

S. 34, 84 sowie alle Logos: Ulrike Rath, Aachen

S. 133 Klaus Puth/Baaske Cartoons